烟草植物学

姚家玲 陈 微 主编

科学出版社
北 京

内 容 简 介

本书是一本以重要经济作物烟草为对象，从植物学的角度描述其个体发育过程及营养器官、生殖器官的形态结构的专著。全书分为6章，包括绪论，烟草种子和幼苗，烟草营养器官根、茎、叶，以及生殖器官花、果实和种子的形态结构与发育。本书的图片主要由编者自己拍摄和制作，包括上百幅烟草的形态学照片、数百张烟草器官或组织的显微照片。书后附有13个图版，展示了烟草育苗、大田生产等场景，也展示了一些烟草主栽品种的植株与花器官形态、烟叶和茎秆的解剖结构等。本书内容简明，图文并茂，实用性较强。

本书可作为烟草专业学生的教材或烟草相关专业学者的参考书，也可供烟草相关领域的管理者和爱好者参阅。

图书在版编目（CIP）数据

烟草植物学 / 姚家玲，陈微主编. —北京：科学出版社，2017.12
ISBN 978-7-03-056214-2

Ⅰ.①烟⋯ Ⅱ.①姚⋯ ②陈⋯ Ⅲ.①烟草–植物学 Ⅳ.① Q949.777.7

中国版本图书馆 CIP 数据核字（2017）第 322957 号

责任编辑：丛　楠　韩书云 / 责任校对：王　瑞
责任印制：张　伟 / 封面设计：迷底书装

科 学 出 版 社 出版
北京东黄城根北街16号
邮政编码：100717
http://www.sciencep.com

北京中科印刷有限公司 印刷
科学出版社发行　各地新华书店经销

*

2017年12月第　一　版　开本：720×1000　1/16
2022年 8 月第二次印刷　印张：8 1/4
字数：112 000
定价：88.00元
（如有印装质量问题，我社负责调换）

《烟草植物学》编委会

主　编　姚家玲　陈　微

副主编　王　莉　胡巍耀　曾晓鹰　张天栋

编　者　魏　星　冯燕妮　曲良焕　李　赓　颜克亮
　　　　陈　兴　杨　莹　周　博　凌　军　蔡　波
　　　　杨乾栩　王　猛　韦克毅　汪显国

前　言

　　植物学是生物学的分支学科，其研究对象广义上包括细菌、真菌、藻类、苔藓植物、蕨类植物、裸子植物和被子植物，而烟草只是其中小小的一员，为被子植物门双子叶植物纲合瓣花亚纲茄科烟草属植物。但从另外一个角度看，烟草作为一种重要的经济作物，已在世界范围内广泛栽培；在我国，烟草在国民经济中占有重要的地位，烟草的种植面积和总产量都居世界第一位。同时，烟草作为植物中的模式物种之一，在许多新兴、开拓性的研究领域发挥着重要的作用，同时也是许多植物学基础知识的研究材料，如植物营养、有机代谢、转基因等方面的研究，可以说烟草已经成为非常重要的一种科研材料。

　　长期以来，烟草的植物学相关内容在其他著作中有或多或少的体现，但未见仅以烟草为研究对象的植物学专著，各相关院校的教师和学生均是以普通的《植物学》教材进行教学和学习，作为烟草专业的学生、学者或者对烟草有学习需要的研究者，他们需要对烟草有更为针对性的、更为详尽的认知和了解。

　　基于以上考虑，我们针对烟草开展了系统的植物学相关的实验与观察，并编著了本书。我们从种子的获取开始，在实验室和大田进行同步栽培，从种子萌发（种子、幼苗）到营养器官的长成（根、茎、叶），再到开花结果（花、果实），力求用大量的图片直观地展示烟草细胞、组织和器官的形态与结构。

我们诚挚地期望本书可以成为烟草相关的学习者、研究者在日常工作中能够参阅的一本书，同时，由于我们的水平有限，书中难免有不足之处，敬请各位使用者不吝赐教。

编　者

2017年9月

目　录

1　绪论 ········· 1

1.1　烟草的起源与传播 ········· 1
 1.1.1　南美洲起源学说 ········· 1
 1.1.2　烟草的传播 ········· 2

1.2　烟草的引种与栽培 ········· 3
 1.2.1　烟草的引种 ········· 3
 1.2.2　烟草的栽培 ········· 4

1.3　卷烟工业的发展 ········· 6

1.4　烟草的类型 ········· 9
 1.4.1　烤烟 ········· 9
 1.4.2　晒烟 ········· 9
 1.4.3　晾烟 ········· 10
 1.4.4　白肋烟 ········· 11
 1.4.5　香料烟 ········· 12
 1.4.6　黄花烟 ········· 12

1.5　烟草的植物学分类及特征 ········· 13

本章主要参考文献 ········· 14

2　烟草种子和幼苗 ········· 15

2.1　烟草种子的大小和基本形态 ········· 15

2.2　烟草种子的基本结构 ········· 16

2.3　烟草种子的化学成分 ········· 17

2.4　烟草种子的休眠与控制 ········· 19

  2.4.1　烟草种子的休眠 …………………………………………… 19
  2.4.2　烟草种子休眠的控制 ………………………………………… 21
2.5　烟草种子的活力 ………………………………………………………… 22
2.6　烟草种子的寿命、老化及劣变 ………………………………………… 24
  2.6.1　烟草种子的寿命 ……………………………………………… 24
  2.6.2　烟草种子的老化及劣变 ……………………………………… 25
2.7　烟草种子的萌发 ………………………………………………………… 26
  2.7.1　种子萌发的外界条件 ………………………………………… 26
  2.7.2　烟草种子萌发形成幼苗的过程 ……………………………… 27
2.8　烟草幼苗的生物学特性与生产实践 …………………………………… 30
本章主要参考文献 ……………………………………………………………… 31

3 烟草的营养器官——根 …………………………………………… 32

3.1　根的生理功能 …………………………………………………………… 32
3.2　烟草的根与根系 ………………………………………………………… 33
  3.2.1　烟草根的发生 ………………………………………………… 33
  3.2.2　烟草的根系 …………………………………………………… 34
3.3　根尖及其分区 …………………………………………………………… 35
3.4　烟草根的解剖结构 ……………………………………………………… 36
  3.4.1　烟草根的初生结构 …………………………………………… 36
  3.4.2　烟草侧根的发生 ……………………………………………… 38
  3.4.3　烟草根的次生结构 …………………………………………… 38
3.5　移栽对烟草根系的影响 ………………………………………………… 39
本章主要参考文献 ……………………………………………………………… 41

4 烟草的营养器官——茎 …………………………………………… 42

4.1　烟草茎的生理功能 ……………………………………………………… 42
4.2　烟草茎的基本形态及分枝方式 ………………………………………… 43
4.3　烟草茎尖（顶芽）结构及烟草茎的生长 ……………………………… 46
  4.3.1　烟草茎尖（顶芽）结构 ……………………………………… 46

4.3.2　烟草茎的生长 49
　4.4　烟草茎的解剖结构 52
　　4.4.1　烟草茎节间的解剖结构 52
　　4.4.2　烟草茎节的解剖结构 58
　本章主要参考文献 61

5　烟草的营养器官——叶 62

　5.1　烟草叶的生理功能 62
　5.2　烟草叶的组成及基本形态 64
　5.3　烟草叶的发生和生长 67
　5.4　烟草叶的解剖结构 69
　　5.4.1　烟草叶片的解剖结构 69
　　5.4.2　烟草叶柄的解剖结构 76
　5.5　烟草叶的衰老 77
　5.6　烟草叶的生长特性与农业生产 77
　本章主要参考文献 80

6　烟草的生殖器官——花、果实和种子 81

　6.1　烟草的花序与花 81
　　6.1.1　生殖转变 81
　　6.1.2　花芽分化 82
　　6.1.3　花序类型 83
　　6.1.4　花原基分化 84
　　6.1.5　花的组成与基本形态 89
　6.2　烟草雄蕊的发育和结构 91
　　6.2.1　花丝和花药的发育 91
　　6.2.2　花粉和雄配子体的发育 94
　　6.2.3　花粉粒的形态 95
　6.3　烟草雌蕊的发育和结构 97
　　6.3.1　雌蕊的组成 97

6.3.2 胚珠与胚囊的发育和结构 …………………………………… 100
6.4 烟草种子与果实的发育 ……………………………………………… 103
　　　6.4.1 开花、传粉与受精 …………………………………………… 103
　　　6.4.2 烟草种子的发育 ……………………………………………… 105
　　　6.4.3 烟草果实的发育和结构 ……………………………………… 110
　　本章主要参考文献 ………………………………………………………… 112

图版

1 绪论

1.1 烟草的起源与传播

1.1.1 南美洲起源学说

人类迄今使用烟草的最早证据，是公元432年墨西哥恰帕斯（Chiapas）倍伦克（Palengue）一座神殿里的浮雕，该浮雕展现了玛雅人在举行祭祀典礼时以管吹烟和吸烟的情景。在人类学的著作中，苏联柯斯文的《原始文化史纲》和美国摩尔根的《古代社会》都曾指出，美洲印第安人早在原始社会时代就有吸烟嗜好，据说当地居民吸食烟草主要是为了祛邪治病，颇有迷信色彩，后来慢慢成为一种癖好。1492年10月，哥伦布发现美洲时看到当地人把干烟叶卷着吸用，因此，在哥伦布到达美洲以前，烟草已是美洲的一种土产，并被印第安人广泛利用。目前的栽培烟草和黄花烟草原产于南美洲安第斯山脉自厄瓜多尔至阿根廷一带。另有证据显示，考古学家在美国亚利桑那（Arizona）北部印第安人居住过的洞穴中，发现了公元650年左右遗留的烟草和烟斗中吸剩的烟丝。

除此之外，尚有持不同观点的学者提出的"中国起源新说"、"非洲起源新说"、"埃及起源新说"及"蒙古起源新说"，但目前"南美洲起源学说"仍为举世公认的观点（许旭明，2007）。

1.1.2 烟草的传播

有文字记载的烟草历史开始于1492年10月，哥伦布发现美洲时看到当地人把干烟叶卷着吸用；随着通往美洲航道的开通，欧美大陆之间的来往日益频繁，大约在1559年，水手将烟叶和烟草种子从圣多明各带回西班牙；1565年，烟草传播到了英格兰，随后传遍欧洲大陆。后来，人们虽然发现烟草有一定的毒性，但由于其具有麻醉作用和其他药用功能，其传播日渐广泛。1561年，法国驻葡萄牙大使Jean Nicot听说烟草可以解乏提神，还可以止痛和治疗疾病，尤其是对头痛病更有疗效，他得到了烟草种子并带到法国，精心栽培在自己的花园中，人们为纪念Jean Nicot，把烟草碱称为尼古丁。

历史学家推断烟草是在16世纪中期从东南亚传入中国的。1543年，西班牙殖民者沿着麦哲伦走过的航路侵略菲律宾，烟草也随之在菲律宾种植。这时，中国与菲律宾的贸易实际上是与西班牙人在交易。不久，烟草传入我国与之相近的台湾、福建两省。著名明史学家吴晗经过研究认为，烟草由三条路线传入中国：第一条是由菲律宾传到我国台湾，经漳州、泉州，再到北方；第二条是从南洋输入广东，后来又随军队传入北方，明代杨士聪《玉堂荟记》记载："烟自天启末（公元1620～1627年）调广兵，乃渐有之"；第三条是从日本传到朝鲜，再传到我国辽东，据记载，烟草是万历四十四至四十五年（公元1616～1617年）由日本输入朝鲜，后来由商人带入我国沈阳，清太宗以其非土产，下令禁止。

1.2 烟草的引种与栽培

1.2.1 烟草的引种

适宜制作烤烟的烟草最早在我国种植的时间大约在20世纪初。1900年，台湾首先引进烤烟，1913年在山东潍坊附近种植成功，以后在河南襄城县、辽宁凤城及云南、贵州等地相继试种成功，在1949年以前，这些地区已成为我国主要的产烟区。1949年以后，种植面积逐年扩大，并开辟了新的产区。

中式卷烟的历史和美种'大金元'息息相关。20世纪初期，英、美烟草公司为寻找更好的卷烟原料，派遣专家赴云南考察。种植专家认为云南日照充足、四季温润，且地质条件非常适合烟草种植，便将一批美国烟种及栽培技术资料赠予当时的云南都督唐继尧。唐继尧马上责成云南实业公司在玉溪地区试种了72亩①。春种秋收，美种烟叶的产量、质量均优于本土烟叶。当这些引种栽培的烟叶收割时，其品质获得了专家的肯定，当局以《云南省政府训令第十八号》向全省推广。从此，中国有了优质的烟草品种，云南这一块神奇的土地也受到了世界烟草巨头的垂青。

1942年冬，云南省主席龙云发布1140号训令，饬令云南省烟草改进所在玉溪等地推广种植美国烟种，美国烟种推广种植工作正式大规模开展；翌年，在龙云主席和云南农林植物研究所所长蔡希陶的共同推动下，美军十四航空队陈纳德将军将美种'大金元'引入云南，中式卷烟发展轨迹因此发生了巨大的变革。'大金元'非常适应云南独特的自然环境，其烟叶所含成分与内在质量均达到了当时中国烟叶的最高水平。1962年，云南省路南县（现石林县）路美邑村的一位烟农发

---

① 1亩≈666.7m²

现自家留种的一株美种'大金元'所开的花比其他烟草植株更加艳丽,就把该烟种留存了下来,后经云南省农业科学院认定,该烟种为'大金元'的单株变异,命名为'路美邑烟',并开始了精心的培育和推广。1975年,这种神奇的烟叶在全国烟叶评选大会中一举夺魁,由于其花红艳似火,被大会赠名为'红花大金元'。经烘烤调制的'红花大金元'色泽金黄、油润饱满、弹性充足、香气质好、吃味纯净、清香风格突出,成为各卷烟企业争先抢购的原料。

1.2.2 烟草的栽培

烟草在世界上分布很广,遍布亚洲、南美洲、北美洲、非洲及东欧的广大地区。我国大部分地区都有烟草种植,烟草是我国主要的经济作物之一,种植面积虽只占总耕地面积的7‰左右,但经济价值较大。目前,我国烤烟种植面积和总产量均居世界第一位,烟叶产量约为世界总产量的1/3。重点产区有云南、贵州、河南、福建、湖南、山东、重庆、湖北、四川、陕西、黑龙江、广东等省份。

纵观我国烟草种植发展历程,烟草自1913年引入我国,大致经历了鲁豫皖烟区一枝独秀、西南烟区初步发展、全国烟区扩展、北烟南移等几个主要发展阶段。经过多年的发展,我国烟草种植布局不断发生变化,栽培种植区划工作也随之不断完善,2003年,由国家烟草专卖局牵头,由郑州烟草研究院和中国农业科学院农业资源与农业区划研究所负责技术,在云南、贵州等21个烟叶产区的共同参与下,形成了新一轮的中国烟草种植区划,分为生态类型区划和区域区划。按照生态类型区划一般原则,将我国按烤烟生态适宜性划分为烤烟种植最适宜区、适宜区、次适宜区和不适宜区;区域区划采用二级分区制,将我国烟草种植划分为5个一级烟草种植区和26个二级烟草种植区。

(1) 生态类型区划

利用现代生态适宜性评价方法,研究建立以气象和土壤因子为主的中国烤烟生态适宜性评价指标体系，并结合烟叶品质评价结果，利用地理信息系统平台，完成当前烤烟的生态适宜性评价和生态适宜性区划。

分区结果表明，烤烟种植最适宜区主要分布在云南省中部、中南部和东部，贵州省西南部、南部和东北部，湖南省西部，湖北省西南部，重庆市东部和北部，福建省西部，江西省东部及山东省东南部，河南省南部和广西壮族自治区西部一小部分地区；种植适宜区主要分布在云南省北部和西南部、贵州省中部和西北部、四川省南部和东部、重庆市西部、广西壮族自治区西部和西北部、广东省北部和东部、福建省中部、湖南省、湖北省、安徽省、河南省、山东省等省（自治区、直辖市）的大部分地区，以及陕西省南部、辽宁省东部和北部小部分区域；次适宜区主要为黑龙江省南部和东部、吉林省、辽宁省、河北省的大部分地区、山西省中南部、内蒙古自治区东部、陕西省中部、甘肃省陇南和陇东地区。

我国主要植烟省（自治区、直辖市）最适宜植烟面积约为1623.4万 hm^2，适宜植烟面积约为2668.7万 hm^2，次适宜植烟面积约为2440.4万 hm^2。

（2）区域区划

我国烟草种植区域区划按照二级分区制的形式和生态适宜原则、差异性和相似性相结合原则、兼顾效益品质原则和尊重历史原则进行划分，形成5个一级烟草种植区（一级区）和26个二级烟草种植区（二级区）。一级区根据烟草生产特点及地带性分布特征，采用以地理方位为主命名；二级区根据一级区内气候、土壤、地形和烟叶特征的相对一致性，采用地理方位＋主要地形地貌＋烟叶类型的方法命名。具体为：一级区5个，即西南烟草种植区、东南烟草种植区、长江中上游烟草种植区、黄淮烟草种植区和北方烟草种植区。其中西南烟草种植区包含8个二级区：滇中高原烤烟区，滇东高原黔西南中山丘陵烤烟区，滇西高原山地烤烟、白肋烟、香料烟区，滇南桂西山地丘陵烤烟区，滇东北黔西北川南高原山地烤烟区，川西南山地烤烟区，黔中高原山地烤烟区，黔东南低山丘陵烤烟区。东南烟草种植区包含3个二级区：湘南粤北桂东丘陵山地烤烟区、闽西赣南粤东丘陵山地烤烟区、皖南赣北丘陵烤烟区。长江中上游烟草种植区包含4个二级区：川北盆缘低山丘陵晾晒烟烤烟区、渝鄂西川东山地烤烟白肋烟区、湘西山地烤烟区、陕南山地丘陵烤烟区。黄淮烟草种植区包含6个二级区：鲁中南低山丘陵烤烟区、豫中平原烤烟区、豫西丘陵山地烤烟区、豫南鄂北盆地岗地烤烟区、豫东皖北平原丘岗台地烤烟区、渭北台塬烤烟区。北方烟草种植区包含5个二级区：黑吉平原丘陵山地烤烟区、辽蒙低山丘陵烤烟区、陕北陇东陇南沟壑丘陵烤烟区、晋冀低山丘陵烤烟区、北疆烤烟香料烟区（王彦亭等，2012）。

1.3 卷烟工业的发展

烤烟也称火管烤烟，源于美国弗吉尼亚州，具有特殊的形态特征，因而也被称为弗吉尼亚型烟。最初的调制方法是晾晒，1832年弗吉尼亚人塔克（D. G. Tuck）发明用火管在房内烤干烟叶的技术，并获专利。1839年，美国北卡罗来纳州斯拉德农场一个18岁的年轻人在火要熄灭时，又加上木炭，以重新发出的热量调制烟叶，结果获得了比平常更黄的烟叶，这种橙色烟叶的售价为平常晒烟的4倍。斯拉德农场利用加热，使烟叶变黄，然后再烘干，这就是通常说的"烤"烟的开始。用这样的方法烤出的烟叶色黄、鲜亮、品质好、价格高，因此被很快推广。

随着烟草种植业的迅速发展，大约在18世纪中期，人们开始兴办烟草加工工业。1878年，法国举行的世界博览会上，展出了世界上第一台卷烟机器，这台机器是杜兰德发明的，卷烟方法是先将卷烟纸制成空心圆管，再把烟丝填进管内，就像现在灌香肠一样。这种卷烟机每分钟能生产25支卷烟，虽说生产效率不高，但开始了使用机器生产卷烟的历史。之后，古巴的苏西尼发明了一台每分钟能生产60支香烟的卷烟机。随着机械工业的发展，卷烟机得到了不断改进和创新。1887年，美国人邦萨克发明了每分钟生产250支卷烟的卷烟机，并获得了专利制造权，从此卷烟工业逐步兴起和发展。1920年，卷烟消费量已经占据各类烟草制品的首位。中国真正的香烟始于19世纪末，1889年，美国人菲里斯克带着"品海"牌10支装香烟到上海试销取得成功。

从卷烟类型上来看，世界卷烟史上发生了三次重要的革命：第一次革命是美国混合型卷烟的问世。美国人在1913年将烤烟、香料烟和白肋烟混合在一起制成新型卷烟，混合型卷烟具有吃味浓厚纯净、入喉和顺的特点，在香气和吸味上能为烟民广泛接受，这种"美式卷烟"诞生后即形成了世界卷烟生产新潮流，当时混合型卷烟已占据世界上80%的市场地位，成为世界卷烟市场的主流产品。第二次革命是1954年过滤嘴香烟的出现。20世纪50年代初，欧洲人开始关注吸烟对人体健康的影响，1952~1953年，美国的卷烟销售量急剧下降，这迫使美国人首先研制生产出了过滤嘴香烟，其进入市场后受到人们的欢迎，抽吸过滤嘴香烟可使嘴唇不沾烟丝，让吸烟者更加舒服，同时可滤掉一部分烟气中的毒素，使吸烟者得到轻松的享受。目前全世界过滤嘴香烟已超过香烟总产销量的90%。第三次革命是1976年美国生产出低焦油卷烟。20世纪70年代以来，从美国开始，低焦油卷烟的生产在世界各国逐步得到普及，1954年美国市场上的卷烟平均焦油含量为37mg/支，而今天，美国和欧盟成员国市场上销售的卷烟的焦油含量都已低于12mg/支，日本市场上的卷烟产品平均焦油含量已降到了9mg/支以下。现在世界上许多国家出产的一系列低焦油和超低焦油卷烟被广大卷烟消费者所接受，在一定程度上缓解了吸烟对人类健康的危害。

在我国，2003年国家烟草专卖局制定了《中国卷烟科技发展纲要》，首次提出要以市场为导向，保持和发展中国卷烟的特色，大力发展中式卷烟，巩固发展国内市场，积极开拓国际市场，提高中国卷烟产品的市场竞争力和中国烟草核心竞争力，保持中国烟草持续、稳定、健康发展。中式卷烟是指上百年来形成的中国卷烟消费者习惯和适应的卷烟品质和口味风格的卷烟，是指拥有自主知识产权和核心技术的卷烟，主要包括中式烤烟型卷烟和中式混合型卷烟。

（1）中式烤烟型卷烟

中式烤烟型卷烟是占主体地位的卷烟。中式烤烟型卷烟是指以中国烤烟烟叶为主体原料，其香气风格和吸味特征明显不同于英式烤烟型卷烟（包括意大利、澳大利亚等国），具有明显适应中国消费者习惯特征的烤烟型卷烟。

（2）中式混合型卷烟

中式混合型卷烟是指基于多类型烟叶原料配比的原理，以国内烤烟、白肋烟、香料烟等晾晒烟叶为主体原料，或者部分添加中草药提取液的卷烟。其香气风格和吸味特征有别于美式和日式等混合型卷烟，是具有明显适应中国部分消费者习惯特征的混合型卷烟。

中式卷烟具有五大特征：第一，能够持续满足卷烟消费者的需求。中式卷烟对中国广大卷烟消费者消费需求的满足是上百年来历史传统、风物习俗、人文环境、对品牌风格特征的依赖等综合因素积淀的结果。同时，中式卷烟还具有鲜明的时代特征，能够不断适应动态的买方市场、国际化市场竞争的变化，与时俱进，持续满足消费者的现实和潜在需求。第二，具有独特的香气风格和口味特征。中式卷烟以国内烟叶为主体原料，具有明显的中国烤烟烟叶香气特征，在香气风格和口味特征上与英式、美式、日式等卷烟不同，具有明显的浓郁的中国烟叶烟气风格，能使卷烟消费者在吸食的第一时间分辨出来。第三，拥有自主核心技术。自主核心技术包括烟叶原料的生产和选用、卷烟配方和加工工艺的特色、中草药及其提取液的添加、降焦减害等方面的内容。第四，中式卷烟包括中式烤烟型卷烟和中式混合型卷烟。其中，中式烤烟型卷烟占主导地位。中式烤烟型卷烟是以中国烤烟烟叶为主体原料，其香气风格和吸味特征明显不同于英式烤烟型卷烟，是具有适应中国广大消费者吸食需求习惯特征的烤烟型卷烟。第五，中式卷烟是一个抽象概念，有宽泛的范畴，是所有中国卷烟的统称。中式卷烟的品牌创意既充分蕴含了深厚中国民族文化的精髓，又能融合和吸纳世界优秀文化的精华。中式卷烟既产生于中国烟草的几百年历史，又完善于中国烟草的发展未来（国家烟草专卖局，2003）。

1.4 烟草的类型

根据使用情况、调制方法、栽培等方面的不同，通常将烟草分成许多不同的类型，主要有以下几种。

1.4.1 烤烟

烤烟的主要特征是植株高大，一般株高为120～150cm，单株着生叶片20～30片，叶片分布较为稀疏而均匀，叶片厚薄适中，中部烟叶质量最佳。叶片自下而上成熟，分次采收烘烤，初烤调制后的叶片以橘黄、橙黄、柠檬黄为好。其化学成分特征为：含糖量较高，蛋白质含量较低，烟碱含量中等。

烤烟是我国也是世界上栽培面积最大的烟草类型，是卷烟工业的主要原料，也可供制作斗烟。我国烤烟种植面积和总产量均居世界第一位，重点产区有云南、贵州、河南、福建、湖南、山东、重庆、湖北、四川、陕西、黑龙江、广东等省（直辖市）。

1.4.2 晒烟

晒烟顾名思义是利用阳光进行调制，根据晒后烟叶的颜色不同，分为晒红烟（red sun-cured tobacco）和晒黄烟（yellow sun-cured tobacco）。晒黄烟的外观特征和内在化学成分都与烤烟相近，晒红烟则与烤烟差异较大。晒红烟一般表现为叶片较少、叶肉较厚，可分次采收或一次采收，调制后为深褐色或紫褐色，以上部烟叶品质最佳。其化学成分特征为：含糖量一般较低，蛋白质和烟碱含量较高，烟味浓，劲头大。

世界上生产晒烟的主要国家是中国和印度。在我国，晒烟具有悠久的栽培历史，全国各省份均有晒烟种植，但比较零散，相对集中的省份有四川、云南、广西、吉林、广东、湖南、湖北、贵州、浙江等。各地烟农在多年栽培过程中积累了较为丰富的经验，也因地制宜地创造了许多独特的晒制方法，产生了很多名牌晒烟，如云南的"刀烟"，四川的"泉烟"、"大烟"、"毛烟"和"柳烟"，江西的"紫老烟"，河南的"邓片"等。

1.4.3 晾烟

晾烟是指不直接放在阳光下，而是置于通风的室内或无阳光照射的场所晾干的烟叶。晾烟又分为浅色晾烟（light air-cured tobacco）和深色晾烟（dark air-cured tobacco），其中白肋烟、马里兰烟和雪茄包叶烟别具一格，均已自成一类。但在我国，除将白肋烟单独作为一个烟草类型外，其余所有的晾制烟草，包括雪茄包叶烟、马里兰烟和其他传统晾烟，均属于晾烟类型。

（1）马里兰烟

马里兰烟原产于美国马里兰州，为浅色晾烟。马里兰烟具有较强的抗性，适应性广，其植株叶片大而薄，填充力强、燃烧性好，焦油和烟碱含量比烤烟和白肋烟低，中等芳香。马里兰烟的种植面积较小，主要集中在美国马里兰州，我国试种较晚，目前主要在湖北、安徽、云南等省有少量种植。

（2）雪茄包叶烟

制造雪茄烟需要三种烟叶，从里到外依次为芯叶、束叶和包叶，其中包叶烟需要油分好、质地细、有弹性、燃烧性好、颜色较浅。雪茄包叶烟对栽培条件要求比较特殊，在日照弱、云雾多的环境下生长的烟叶品质最佳，因此多采用遮阴栽培。其烟草植株的外观特点为：叶片宽，中下部烟叶晾制后薄而轻，叶脉细，质地细致，弹性强，颜色为均匀一致的灰褐或褐色，燃烧性好。世界上生产雪茄烟的国家主要有古巴、菲律宾、印度尼西亚、美国等。我国雪茄包叶烟主要产于四川和浙江，近年来海南有试种。

（3）传统晾烟

我国传统晾烟的种植面积较小，在广西武鸣和云南永胜等地有少量生产。调制时将整株烟挂在通风的地方，让其自然干燥，晾干后再进行堆捂发酵。调制后的烟叶呈黑褐色，油分足、弹性强，吸味丰满，燃烧性好，灰色洁白。

1.4.4 白肋烟

白肋烟的茎和叶片主脉呈乳白色，是马里兰型阔叶烟的一个突变种。其是1864年在美国俄亥俄州布朗县一个种植马里兰型阔叶烟的苗床里发现的缺绿型突变株，后经专门种植，证明其具有特殊的使用价值，进而发展为烟草的一个新类型。其叶片黄绿色，叶绿素含量约为其他正常绿色烟的1/3。其栽培方法与烤烟类似，但要求中下部叶片大而薄，适宜较肥沃的土壤，对氮素营养要求较高。生长快，成熟集中，分次采收或半整株采收。其调制方法为：将叶片上绳或整株倒挂在晾棚或晾房内晾干。调制后的烟叶呈红褐色，鲜亮，烟碱和总氮含量比烤烟高，含糖量较低。其叶片较薄，弹性强，填充力高，并有良好的吸收能力。

世界上生产白肋烟的主要国家是美国，其次是马拉维、巴西、意大利和西班牙等国家。我国白肋烟栽培面积较大的是湖北、重庆、四川和云南等地。

1.4.5 香料烟

香料烟又称土耳其型烟或东方型烟，是普通烟草传至地中海沿岸后，在当地特殊的生态条件下栽培和调制形成的一种烟草类型。其外观特征为：株型纤瘦，叶片小而多，一般株高80~100cm，叶片长15~20cm，叶形为宽卵形或心脏形，有柄或无柄。香料烟的品质与产地的生态条件和栽培调制方法密切相关。烟叶品质以顶叶最佳，自下而上分次采收。调制方法为：采叶后先在棚内晾至凋萎变黄时，再进行晒制。调制后的烟叶油分充足，叶色金黄、橘黄或浅棕色。其烟碱含量低，氮化物略高于烤烟，糖含量不高，燃烧性好，气味芳香。

1.4.6 黄花烟

黄花烟与上述几种类型烟草的重要区别在于：黄花烟在植物学分类上属于烟草属中另外一个不同的种，其生物学性状差异也较大。一般株高50~100cm，着叶10~15片，叶片较小，卵圆形或心脏形，有叶柄，花色绿黄，种子较大，生育期较短，耐寒，多被种植在高纬度、高海拔和无霜期短的地区。一般黄花烟的总烟碱、总氮及蛋白质含量均较高，而糖分含量较低，烟味浓烈。

据考评，黄花烟在哥伦布发现新大陆以前，就在墨西哥栽培。广泛种植于亚洲西部，苏联种植最多，称为莫合烟。我国栽培黄花烟也较早，分布地区广，主要产于新疆、甘肃和黑龙江。其产品以兰州水烟、关东蛤蟆烟和霍城莫合烟最有名。某些国家如美国种植黄花烟不作抽吸用，只供制造硫酸尼古丁（中国农业科学院烟草研究所，2005；刘国顺，2010）。

另外，20世纪50年代，为方便配方工作的开展，我国的烟草行业工作者根据烤烟燃吸时的香气特征，将其分为三种不同的烤烟香气类型：清香型、浓香型、中间香型。浓香型烤烟具有烤烟本身特有的浓醇香气，烟味浓厚，吸味干净，地方性杂气轻至较重，劲头适中；清香型烤烟具有与一般烤烟香气不同的清香气，烟味较淡，吸味舒适，地方性杂气较轻至较重，劲头柔和至适中；中间香型烤烟具有介于清香与浓香之间的特征香气，吸味干净，烟味较淡至较浓，地方性杂气较重，劲头柔和至较大。烤烟原料三种不同香型的划分对卷烟香味的调配、风格的确定起到了一定的作用。国际上通常根据烤烟在卷烟配方中所起的作用进行分类，一般分为香味型与中性型（又称主料烟与填充料烟）。香味型烟叶在卷烟配方中提供基础的香气和吃味，因此必须具备高浓度的香味和一定的劲头；中性型烟叶在配方中主要起填充作用，一般烟味较淡，燃烧性及填充性较好，无特殊的杂气。

1.5 烟草的植物学分类及特征

烟草（图1-1）为茄科（Solanaceae）烟草属（*Nicotiana*）植物，该属植物为一年生草本、亚灌木或灌木，常有腺毛。叶互生，有叶柄或无柄，叶片不分裂，全缘或稀波状。花序顶生，圆锥式或总状式聚伞花序，或者单生；花有苞片或无苞片。花萼整齐或不整齐，卵状或筒状钟形，5裂，果时常宿存并稍增大，不完全或完全包围果实；花冠整齐或稍不整齐，筒状、漏斗状或高脚碟状，筒部伸长或稍宽，檐5裂至几乎全缘，在花蕾中卷折状或稀覆瓦状，开花时直立、开展或外弯；雄蕊5，插生在花冠筒中部以下，不伸出或伸出花冠，不等长或近等长，花丝丝状，花药纵缝裂开；花盘环状；子房2室，花柱具2裂柱头。蒴果2裂至中部或近基部。种子多数，扁压状，胚几乎通直或多少弓曲，子叶半棒状。

图1-1 烟草植株形态
（引自奥托·威廉·汤姆，2012）

全世界约 60 种，分布于南美洲、北美洲和大洋洲。我国栽培 4 种，即花烟草（*N. alata* Link et Otto）、光烟草（*N. glauca* Graham）、黄花烟草（*N. rustica* L.）和普通烟草（*N. tabacum* L.）。其中以普通烟草为主，其为一年生或有限多年生草本，全体被腺毛。根粗壮。茎高 0.7～2m，基部稍木质化。叶矩圆状披针形、披针形、矩圆形或卵形，顶端渐尖，基部渐狭至茎成耳状而半抱茎，长 10～30（～70）cm，宽 8～15（～30）cm，柄不明显或呈翅状柄。花序顶生，圆锥状，多花；花梗长 5～20mm。花萼筒状或筒状钟形，长 20～25mm，裂片三角状披针形，长短不等；花冠漏斗状，淡红色，筒部色更淡，稍弓曲，长 3.5～5cm，檐部宽 1～1.5cm，裂片急尖；雄蕊中 1 枚显著较其余 4 枚短，不伸出花冠喉部，花丝基部有毛。蒴果卵状或矩圆状，长约等于宿存萼。种子圆形或宽矩圆形，直径约 0.5mm，褐色。夏秋季开花结果。原产于南美洲。我国南北各省份广为栽培。作烟草工业的原料；全株可作农药杀虫剂；也可药用，作麻醉、发汗、镇静和催吐剂（匡可任和路安民，1978）。

本章主要参考文献

奥托·威廉·汤姆. 2012. 奥托手绘彩色植物图谱. 北京：北京大学出版社.
国家烟草专卖局. 2003. 国家烟草专卖局关于印发《中国卷烟科技发展纲要》的通知.
匡可任，路安民. 1978. 中国植物志. 北京：科学出版社.
刘国顺. 2010. 烟草栽培学. 北京：中国农业出版社.
王彦亭，谢剑平，李志宏. 2012. 中国烟草种植区划. 北京：科学出版社.
许旭明. 2007. 烟草的起源与进化. 三明农业科技，3（109）：25-27.
中国农业科学院烟草研究所. 2005. 中国烟草栽培学. 上海：上海科学技术出版社.

2

烟草种子和幼苗

2.1 烟草种子的大小和基本形态

烟草种子很小，普通烟草的种子长 0.35~0.60mm，宽 0.25~0.35mm。1g 种子有 10 000~13 000 粒。千粒重为 0.1g。每个蒴果内有 2000~4000 粒种子。一株烤烟能产生种子 12~15g，大约有 150 000 粒。每亩可收种子 8~10kg。

随着种子的生长和发育，烟草种子的颜色也会随之发生变化。一般初时为嫩绿色，后逐渐转变为黄褐色，成熟时则大多变为深褐色。形态不一，有近圆形、卵圆形、椭圆形、长椭圆形、肾形等。往往种脐所在的一端小，远离种脐的一端大。种子表面一般凹凸不平，并具有不规则且交织成网状的波状花纹。这些花纹是由种脐处发出的数条种脊所构成的，种子的腹面和靠近种脐处的花纹密而窄，其他部位的花纹则稍稀疏而宽大。花纹的疏密和深浅因种类和品种而异。花纹的

图 2-1 '本氏'烟草种子图

存在使种皮具有相对较大的表面积，吸湿能力强，所以烟草种子应在严格的条件下进行保存（图 2-1）。常温下，种子应该在干燥通风处保存。湿度太高会影响发芽甚至丧失发芽能力。

2.2 烟草种子的基本结构

烟草的种子是双子叶有胚乳种子。由种皮、胚和胚乳三部分组成（图 2-2）。

（1）种皮

烟草种皮是由珠被发育形成的。位于种子的外表面，包被于胚和胚乳之外。具有保护种子不受外力机械损伤和防止病虫害入侵的作用。从外至内由胶质透明层、木质化厚壁细胞层和薄壁细胞层组成。种皮的厚度大致相同，种孔不明显，种脐略突出。种脊有数条，呈不规则波状，由种脐处发出，在种

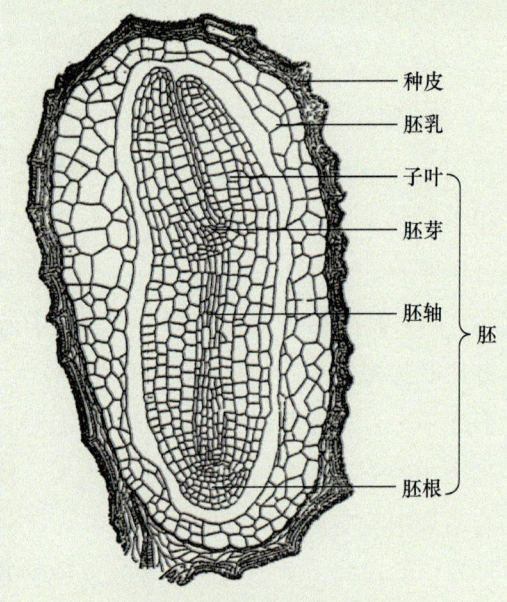

图 2-2 烟草种子纵切模式图
（引自中国农业科学院烟草研究所，2005）

子表面随机分布，越靠近种脐处，种脊越高，花纹也越直。

（2）胚

胚由受精卵发育而来，位于胚乳内。由胚芽、胚轴、胚根和子叶4部分组成。大多数烟草胚是直生胚。胚根呈近圆柱形，尖端略细，位于种子较小的一端。子叶有两枚，相对靠合地着生在胚轴上。在两片子叶之间的基部，也就是胚轴顶端处就是胚芽。烟草种子的胚芽分化不明显，仅有一狭长的平面，是胚芽的生长点。生长点自上而下由3~4层扁平的细胞组成，但原套和原体不易区分。胚根和胚芽之间的结构是胚轴。

在胚根生长点和胚芽生长点内，细胞较小且原生质浓厚，但缺乏营养物质；而子叶细胞中则含有大量的油滴及蛋白质结晶，与胚乳细胞所含的营养物质相同。

（3）胚乳

胚乳位于种皮内、胚的周围，由受精极核发育而来，是种子内贮藏营养物质的组织。其营养物质供胚消化、吸收和利用。

随着种子的发育，形成的胚乳细胞有近半数因为被胚消化、吸收和利用而解体。因此，烟草种子的胚乳不发达，仅有2~4层。种子腹面的胚乳细胞层数往往要比种子上下两端的胚乳细胞层数少一些。

烟草种子的胚乳细胞内含大量的脂肪（35%~39%）、蛋白质结晶（24%~26%）和少量的糖类（3.5%~4.0%），是种子贮存营养物质的地方。另外，未成熟的种子中，胚乳细胞还含有少量的烟碱，种子成熟时则消失。

2.3 烟草种子的化学成分

烟草种子的化学成分是决定烟草种子生命代谢的物质基础，是烟草种子萌发、生长发育、形态建成等的物质基础。

一般烟草的种子很小，与其他体积大的植物种子相比，烟草种子的化学物质含量相对较少。烟草种子的化学成分主要是粗脂肪、蛋白质、粗纤维、灰分、水分等。

（1）水分

烟草种子的水分是烟草种子进行生理代谢活动的物质基础。在种子发生、发育、成熟过程中，种子的含水量并不是一成不变的，而是随着种子发育的进程而逐渐减少。充分成熟干燥的种子中水分占5.33%～7.22%。种子的物理性质和生理生化活动都与水分的状态和含量有密切关系。通常水分在种子中以结合水和自由水两种状态存在。

结合水是那些离大分子胶粒（主要是蛋白质、糖类和脂类等）比较近而被胶粒吸附束缚的水，它不易自由流动，不易蒸发，不易结冰，也不具有溶剂的性质。结合水不参与新陈代谢活动。

自由水是指在细胞中距离胶粒较远、可以自由流动的水。自由水参与各种新陈代谢活动，其含量与种子的代谢强度相关。一定范围内，自由水占种子总含水量的比例越大，则种子代谢越旺盛；反之，则代谢越弱。当种子中水分减少至不含自由水时，种子中的各种酶就进入钝化状态，此时种子的新陈代谢活动几乎停滞或处于非常微弱的状态。

（2）脂类

在成熟干燥的烟草种子中，粗脂肪的含量最高，可达35%～39%。其中作为贮存脂类的主要是三酰甘油，它是高度还原的化合物，因此是一种高能量贮藏物。1g 三酰甘油完全氧化产生的能量是 1g 糖或蛋白质的两倍多。

（3）蛋白质

蛋白质是烟草种子中第二大贮藏营养物质。在成熟干燥的烟草种子中，其含量可达24%～26%，是烟草种子的三大贮藏物质之一。在种子发芽时，其为胚生长发育提供所需要的养料和能量。云南省烟草科学研究所对5份不同产地和不同年份的烤烟 K26 种子的氨基酸进行测定。结果发现，烤烟 K26 种子中含有 17 种氨基酸。其中谷氨酸含量最高，占蛋白质含量的 20% 以上；其次是精氨酸，占蛋白质含量的 10% 左右；然后是天冬氨酸，占蛋白质含量的 8%~9%；蛋氨酸占蛋白质含量的 1% 左右；氨含量最低。不同产地、不同年份，其氨基酸的种类、含量和比例基本一致。

（4）糖类

烟草种子中的糖类主要是粗纤维。在种子发芽时，其为种子萌发、生长发育提供所必需的养料和能量。烟草种子中不含淀粉类物质或很少。

（5）烟碱

未成熟的普通烟草种子中含有少量的烟碱。随着种子的成熟，烟碱逐渐消失。例如，在成熟的普通烟草（*Nicotiana tabacum*）罗宾逊中宽叶型的种子中，没有发现烟碱。少数烟草类型，其成熟种子中尚有少量烟碱。例如，黄花烟草（*Nicotiana rustica*）的成熟种子中有少量的烟碱。

2.4 烟草种子的休眠与控制

2.4.1 烟草种子的休眠

有的植物的种子成熟后，如果具有生活力，在适宜的环境条件下很快就会萌发，如小麦和南瓜的种子。但是大多数烟草种子成熟以后，即使具有生活力，又有充分满足各种发芽的环境条件，由于内在生理原因，也不能萌发，这种现象就是种子的休眠（seed dormancy）。种子休眠是一个可遗传的性状，其程度由种子发育过程中的环境来调节。

休眠的烟草种子新陈代谢十分缓慢，甚至处于几乎不活动的状态。不同种类和品种的种子，其休眠期有所差异，不同环境条件下生产的烟草种子，其休眠程度也不一样。休眠期的长短和程度与种子的遗传特性和贮藏条件等因素密切相关。烟草种子休眠的综合因素比较复杂，主要有以下几个方面。

（1）后熟作用

新收获的烟草种子生理上还没有完全成熟，这时期的种子呼吸旺盛，发芽率很低，耐贮性也差。必须经过一段时间，种子内部进行一系列的生理生化作用后才能在生理上完全成熟，才具有发芽能力。这个时期称为种子的后熟期。在后熟期内进行的所有生理生化过程称为后熟作用。完成后熟作用的种子呼吸作用减弱，发芽率升高。烟草种子的后熟时间一般为半年至一年半。因此，生产上用收获后保存一年的种子较好。

（2）成熟种子中脂类物质含量太高

烟草种子的幼胚被坚硬的种皮紧紧包被，成熟种子中脂类物质含量过高，种皮表面也会附有很多脂类物质，使得种子的吸水性和透气性变差。结果导致外界的水分和氧气不能正常吸入，种子内的二氧化碳也不能及时排出，因而种子不能萌发。

（3）发芽抑制物质的存在

种子内脱落酸（ABA）在种子休眠性较强时含量较高，种子内ABA含量与种子的发芽率呈负相关。较高的赤霉素（GA）和较低的ABA是种子解除休眠的重要条件。

曾有报道，刚结束包衣丸化的种子发芽率很高，但经过包装密封存放一段时间后，种子又进入再度休眠状态。也有报道，烟草种子在刚采收时具有很高的活力，也能萌发。但之后随着时间的推移，种子又很快进行后熟作用，进入休眠状态。

种子休眠是植物在长期系统发育过程中获得的一种抵抗不良环境

的适应性，是调节种子萌发最佳时间和空间分布的有效方法。具有休眠特性的农作物种子可防止穗发芽或者度过不良环境。这一特性在自然界中普遍存在，具有重要的生物学意义，但也给农林生产带来一定的不便。在烟草种子实际生产过程中，原则上需使用隔年种子或者经后熟作用的种子，目的就是打破种子的休眠，促进种子出苗，以保证大田生产的需要。

2.4.2 烟草种子休眠的控制

根据烟草种子休眠的可能机理，打破种子休眠可以采取物理机械处理、化学物质处理、激素处理等方法。

（1）物理机械处理法

在进行烟草种子包衣丸化生产时，通常采用日晒和机械翻动的方法来打破种子休眠。将休眠的种子在室外空旷场地进行日晒变温处理，一方面，可以增加种皮的通透性；另一方面，阳光中多种射线的作用也能打破种子休眠和促进种子发芽。此外，通过机械翻动种子对种皮的磨损刺激，也可进一步激活种子以利于打破种子的休眠。实验表明，用适当温度的热水浸种可以溶解种子外部的发芽抑制物质，也有打破种子休眠、促进发芽的作用。

（2）化学物质处理法

有的烟草种子的休眠是由于种子内发芽抑制物质的存在。种子萌发还是休眠取决于抑制物质和促进物质的生理平衡。这种生理平衡主要由烟草种子本身的遗传特性所决定。化学物质处理法一般可以采用适当的无机盐、酸、碱等物质，这些物质能够腐蚀种皮，改善种皮的通透性，以达到打破种子休眠、促进发芽的目的；用过氧化氢溶液浸泡休眠种子，可使种皮受到轻微损伤，既安全、又增加了种皮的通透性。但许多实验证实，过氧化氢溶液处理不及机械处理的效果好。另外，许多有机化合物，如秋水仙素、甲醛、乙醇、丙酮等，也对烟草种子有一定的打破休眠、促进萌发的作用。

（3）激素处理法

实验表明，较高含量的赤霉素和较低含量的脱落酸是种子解除休眠的重要条件。因此，打破烟草种子的休眠还可以采用激素处理法。常用的激素主要有赤霉素和细胞激动素（BA）。赤霉素的生理作用之一是可以打破植物的休眠。在适宜的低温条件下，用一定浓度的赤霉素也可以打破烟草种子的休眠，提高烟草种子的发芽能力。如果赤霉素和其他激素配合使用，则效果更加显著。需要注意的是，如果赤霉素的浓度过高，反而会抑制烟草种子的发芽。

另外，有实验表明，使用细胞激动素处理休眠的烟草种子，对解除由脱落酸引起的种子休眠有显著效果。细胞激动素是一种非天然的细胞分裂素。它有很多生理功能。例如，促进细胞分裂、生长和分化；诱导愈伤组织长芽；解除顶端优势；促进种子发芽、打破休眠；延缓叶片衰老；促进结实；诱导花芽分化；调节叶片气孔张开等。在打破烟草种子的休眠方面，细胞激动素与其他激素如赤霉素、乙烯利等配合使用，效果会更加显著。

2.5 烟草种子的活力

烟草种子的活力是烟草种子健壮度、发芽率、幼苗生长潜力、植株抗逆能力等的总和，是评价烟草种子质量的一个重要指标，也是种用价值的重要组成部分。烟草种子活力的高低与烟草植物的生长发育密切相关，并对后期的烟叶产量和质量有重要影响。使用高活力的烟草种子播种，不仅可快速整齐出苗、使烟苗苗壮生长和发育，还可以建立差异度小、整齐一致的群体，有利于增进烟草的产值效益。

烟草种子的活力一般用发芽势、发芽率、发芽指数（GI）、活力指数、子叶平展率等指标表示。

$$发芽势 = \frac{第6日发芽种子数}{供试种子数} \times 100\%$$

$$发芽率 = \frac{第14日发芽种子数}{供试种子数} \times 100\%$$

$$发芽指数 = \sum \frac{G_t}{D_t}$$

$$活力指数 = 发芽指数 \times 苗长$$

$$子叶平展率 = \frac{子叶平展幼苗数}{供试种子数} \times 100\%$$

式中，G_t为逐日发芽数；D_t为发芽天数。

发芽势、发芽率等作为检验烟草种子活力的重要指标，有着准确性高的特点，但其测定所需时间较长。因此，如何准确、快速地测定烟草种子的活力，是种子工作者面临的主要课题。农作物种子活力的快速鉴定一般采用电导率法，其原理是根据细胞膜的完整性决定活力大小。凡细胞膜完整性差的种子，则其活力低，进入水中的化合物也多（包括氨基酸、有机酸、糖及其他离子等）。这种方法在烟草种子活力的测定方面也得到了应用。然而，电导率法的缺点在于，种子浸出液的电导率易受环境条件、种子质量及仪器状态的影响，测定结果有较大的误差。也有的根据电导率法的原理，采用紫外分光光度法来测定烟草种子浸出液的紫外吸光度值，以判定浸出液中氨基酸等有机物的含量，从而间接地推断出种子的活力。

影响烟草种子活力的因素较为复杂，主要可以概括为内在因素和外在因素两个方面。内在因素与种子的遗传物质及基因组成等密切相关。外在因素可根据种子的不同发育时期概括为以下5个方面：①烟草种子形成和发育过程中外界环境条件和生态因子对种子活力的影响。例如，在温度适宜、光照充分、水分和土肥条件好的条件下，烟草种子发育良好，种子活力就高。反之，种子发育就会受到影响，种子活力就会降低。②烟草种子采收期与成熟度对种子活力的影响。成熟度好的种子，其活力要明显优于成熟度差的种子。因此，烟草种子一定要适时采收。③烟草种子采收后进行的脱粒、干燥等处理对种子活力也会产生很大影响。例如，处理过程中造成的机械损伤势必会加速种子的老化和劣变，水分控制不好导致的种子霉变和腐烂等，都会严重影响种子的活力。④贮藏条件对烟草种子活力的影响。烟草种子贮藏的目的在于保持种子的高活力。烟草种子的活力和寿命在很大程度上受湿度、温度、光照等环境条件及环境微生物、病菌和虫害的影响。在烟草种子贮藏中种子活力下降的主要原因是种子呼吸、霉菌及仓虫活动。霉菌活动可导致霉变；仓虫可蛀蚀种子；种子呼吸一方面消耗种子中贮藏的养分，另一方面产生大量的呼吸热和游离水分，引发种子霉变。因此，适宜的贮藏条件是确保烟草种子活力的关键。⑤烟草种子加工、处理时对种子活力的影响。在生产实践中，为了促进种子萌发、提高种子抗逆力、齐苗壮苗或防治种子本身携带的或土壤病虫危害，通常要对种子进行包衣丸化处理。如果包衣丸化处理的方法和工艺掌握不好，会给种子造成损害和影响，从而影响种子的活力。

弄清楚影响烟草种子活力的因素，对烟草种子的研究和烟叶生产有重要意义。

2.6 烟草种子的寿命、老化及劣变

2.6.1 烟草种子的寿命

种子从完全成熟到丧失生活力所经历的时间，即种子能保持发芽能力的最长期限，称为种子的寿命，一般把达到60%发芽率的贮藏时间作为种子的寿命。不同植物种子的寿命有很大差异。其寿命的长短除与遗传特性和发育是否健壮有关外，环境条件对种子寿命的长短也有非常显著的影响。因此，种子的寿命可分为自然寿命和贮藏寿命。

种子的自然寿命是指种子成熟采收后，在室温条件下，未进行人为贮藏因素控制，种子能保持发芽能力的最长期限。自然界中植物种子的自然寿命差别很大，少则几天，如杨柳的种子等；多则可以几十

年、几百年，如莲的种子等。烟草种子的自然寿命一般为3~5年。烟草种子的体积较小，内含物较少，其化学成分中油脂类物质所占比例很大。在自然条件下，其体内的代谢和氧化呼吸较强，容易加速老化和劣变。

烟草种子的贮藏寿命因种子质量和贮藏条件的不同而有很大差异。种子质量差或贮藏条件差的，种子就会老化、劣变得快；质量好且贮藏条件好的，种子就会老化、劣变得慢一些。影响种子贮藏寿命的主要环境因素是温度和湿度状况。有实验表明，把烟草种子含水率降低至5%以下超干燥水平，烟草种子可保存25年以上。把超干燥烟草种子放在不同温度下贮藏，发现最适温度为4℃。另外，休眠的烟草种子，其寿命也会相应延长，因此结合烟草种子休眠的特性，可人为强化烟草种子的休眠程度以延长烟草种子的贮藏寿命。

创造有利于烟草种子贮存的条件可显著延长烟草种子的寿命，对烟草种子的保存有着重要意义。实验证实，同其他植物的种子一样，低温、低湿、黑暗及降低空气中的含氧量是烟草种子理想的贮藏条件。因为在理想的贮藏条件下，种子的呼吸作用十分微弱，种子处于休眠状态，有利于延长种子的寿命。反之，如果环境湿度大、温度高，则种子的呼吸作用增强，从而消耗大量的贮藏营养物质，毒性物质积累过多，且种子易发生霉变，因此种子的寿命就会缩短。许多国家利用低温、干燥、空调技术贮存优良种子，使良种保存工作由以种植为主转为以贮存为主，大大节省了人力、物力，并保证了良种质量。

2.6.2 烟草种子的老化及劣变

烟草种子的老化及劣变是自然界中植物种子的正常现象和变化。种子的老化是指种子逐渐自然衰老的过程，种子劣变是指种子生理机能明显恶化、结构受损及物质变质的过程。二者相伴相随，不可分割，其实质是一致的。

烟草种子在生理成熟时，其胚活力达到最高水平，随后会经历不可逆转的老化和劣变过程。在种子的老化和劣变过程中，种子内部将发生一系列的生理生化变化，变化的速度取决于收获、加工和贮藏条件。老化和劣变的最终结果是种子生活力下降，发芽率、幼苗生长势及烟草植株生产性能下降。

2.7 烟草种子的萌发

烟草种子的萌发是指烟草种子的胚恢复生长，突破种皮、形成幼苗的过程。从生理生化角度来说，烟草种子的萌发是恢复种子在休眠期间暂停或放缓的新陈代谢活动，合成和分解机制开始恢复正常运行，同时推进种胚细胞程序性分裂与分化的过程。从生物学角度来说，种子的萌发包括了水分吸收（种子生理吸胀作用）、细胞状态激活（萌动）、胚细胞的分裂和分化、胚根突破种皮并持续伸长、胚根和胚芽生长至相当长度（胚根与种子等长、胚芽长至种长的一半）、发芽出土等一系列过程。

2.7.1 种子萌发的外界条件

烟草种子萌发的前提是种子成熟并具有生活力。除此之外，还需要一定的外界条件。这些外界条件主要是充足的水分、适宜的温度和足够的氧气等。

充足的水分是烟草种子萌发的首要条件。干燥的烟草种子，其水分含量一般在 7% 以下，除有极微弱的呼吸作用外，其他各种生理活动几乎处于停滞状态。种子吸收水分后，种皮结构变得松软，有利于氧气透过种皮进入种子内部，同时种子内的二氧化碳透过种皮散发出来，从而增强烟草种子的呼吸作用。并使原生质由凝胶状态转变为溶胶状态，使原生质的生理活性提高，细胞内的酶被活化，从而将贮藏的营养物质水解为简单化合物，运向正在生长的幼胚中，供胚吸收利用。吸水膨胀后的烟草种子含水量一般可达 60%～70%，至两片子叶展开后的幼苗，其含水量可达95%以上。

种子萌发时如果水分不足，则会影响种子的正常萌发或幼苗不能充分生长，从而影响壮苗的培育，甚至导致烟苗死亡。如果育苗时水分过多，容易影响烟苗根部的气体和离子交换，造成幼苗无氧呼吸，导致烂根烂芽。

烟草种子的萌发还要求适宜的温度。随着种子的吸水，种子的生命活动增强，表现在酶的催化活性加强，物质和能量转化加快。而酶的催化活动必须在一定的温度范围内进行，温度过低则不利于酶的催化作用，过高则又会使酶失去活性，都不利于种子的萌发。在我国大部分烟草种植区，播种季节会经常出现低温或高温天气，因此，在育苗过程中需要做好温度调控。一般温度在25～28℃时，有利于烟草种子的萌发和幼苗的生长发育。

除了充足的水分和适宜的温度外，足够的氧气是烟草种子萌发的又一必要条件。种子萌发时生命活动活跃，其所需的养分和能量都来自呼吸作用，因此对氧气的需求量很大。种子得到足够的氧气时，呼吸作用加强。种子中的有机物被氧化分解，并释放能量，供种子萌发时各种生理活动之用，从而保证了种子的正常萌发。如果氧气不足，则导致种子进行无氧呼吸，贮藏物质消耗过快并产生对生命活动不利的代谢物质，从而影响了烟草种子的萌发和幼苗的生长发育。因此，在生产实践上，一定要保持好苗床土壤或基质的透气性，以供给种子和幼苗充足的氧气，促进种子的萌发和幼苗的生长发育。

光照对烟草种子的萌发没有显著影响，但是当种子发芽破土后，适宜的光照会促使烟苗茁壮生长。如果光照不足，幼苗容易瘦弱黄化；若光照过强，又会灼伤烟苗。因此，在烟草育苗过程中，适宜的光照是培育壮苗的条件之一。

2.7.2 烟草种子萌发形成幼苗的过程

成熟并具有生活力的烟草种子，在有充足的水分、适宜的温度和足够的氧气等外界条件下，便会萌发并形成幼苗。以烟草品种'巴斯玛1号'为例，将其种子萌发形成幼苗的过程图示为图2-3。

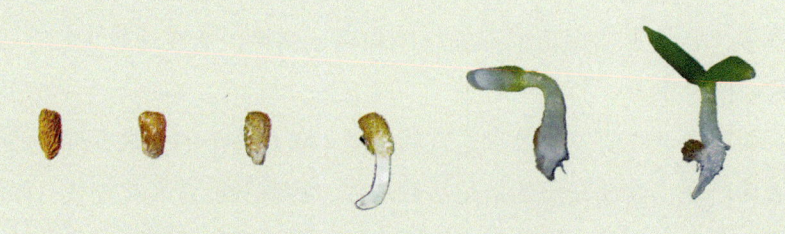

图2-3　烟草种子萌发过程（'巴斯玛1号'）

(1) 种子吸水膨胀阶段

正常干燥的烟草种子含水量一般在7%以下，种子中细胞原生质处于凝胶状态。当有充足的水分时，种子开始吸水，细胞原生质由原来的凝胶状态转变为溶胶状态。当种子从外界吸收足够的水分后，原来干燥、坚硬的种皮逐渐变软，整个种子因吸水而逐渐膨胀变大，种皮被撑破。此过程大约持续12h，主要是种子吸收水分的物理过程。当水分达到种子干重的30%左右时，水分暂时停止进入种子。

(2) 种子萌发前的准备阶段（营养物质转化的生化阶段）

在吸水后的12~36h，种子含水量约达到种子干重的30%时，种子不再吸水，因此含水量没有增加，是种子萌发前的准备阶段。此时，烟草种子的萌发生长并未真正启动，主要是种子内部发生一系列生理生化变化：种子内的各种酶吸水后，在一定的温度条件下，活动加剧，将贮藏在胚乳细胞中的不溶性生物大分子分解为简单的可溶性营养物质，运往胚根、胚芽、胚轴等部位，供胚细胞吸收利用。

(3) 种子萌发起始阶段（"露白"阶段）

当种子中易被吸收的营养物质积累到足够数量时，胚开始萌动生长，水分又开始剧烈地进入种子内，此时新陈代谢旺盛。当吸水量达种子干重的70%左右时，胚根首先突破种皮而显露出来，一般称为

"露白"或"露嘴","露白"高峰多集中在48h前后。

（4）幼苗形成阶段

胚根伸出后继续生长发育，向下伸长形成主根，并发育出根毛。种子萌发先形成根，可使早期幼苗固定在土壤中，以便及时吸收水分和养料。随后，烟草种子的下胚轴细胞也开始生长发育，把胚芽和子叶一起推出土面。因此，烟草幼苗是子叶出土幼苗。子叶遇光后逐渐转变为绿色，并由靠合状态逐渐转变为平展状态，更有利于进行光合作用。待胚芽的幼叶（真叶）张开可以行使光合作用时，子叶随后逐渐枯萎脱落，胚芽逐渐发育出茎叶系统。至此，一株能独立生活的烟草幼苗形成了（图2-4）。

图2-4 烟草幼苗
A. '巴斯玛1号'；B. '本氏'；C. 'YNBS1'；D. '巴斯玛10号'

2.8 烟草幼苗的生物学特性与生产实践

烟草幼苗是子叶出土幼苗，下胚轴在伸长过程中对光反应十分敏感。如果光照不足，下胚轴就会过快过度伸长，从而形成幼茎细长的高脚弱苗。生产上采取浅播薄盖及出苗后及时揭去遮光覆盖物等处理，都有利于下胚轴在伸长过程中及时获得光照，促使正常出苗和幼苗的健壮生长。

烟草子叶一般为椭圆形或披针形，结构简单，叶脉不明显，海绵组织与栅栏组织的分化也不明显。子叶出土后，两片相互靠合的子叶逐渐转变为平展状态。其细胞内大量的白色体也逐渐转变为叶绿体，子叶进行光合作用。这个时期是烟苗由异养转向自养的转折时期。此时胚芽活动产生真叶所需的营养需要子叶光合作用的产物来提供。若子叶受伤，则真叶的产生和生长速度均明显变慢。随着真叶陆续出现和生长，子叶的功能逐渐衰弱，到第四、五片真叶出现时，子叶就自然枯萎脱落。

子叶出土后4~5天，第一片真叶出现。这时根系生长迅速，已有一级侧根出现，而地上部分生长则较为缓慢。再过3~5天，第二片真叶出现，这时两片子叶与两片真叶形成十字形对称，称为"小十字期"。以后每隔3~5天就出现一片真叶，但生长量很小，茎则几乎不生长。到第三片真叶出现时已有二级侧根出现，根系生长占优势。到第七片真叶出现时，主根长度已可达15cm以上，而且明显加粗，侧根数可达30条以上，须根也较多，根系已基本形成。到7~10片真叶时，已具备健壮而完整的根系。此后，茎叶生长开始加快，形成适于移栽的烟苗。因此，生产实践上应综合考虑烟草种子萌发和幼苗生长发育规律及当地的气候条件来合理安排育苗时间。

本章主要参考文献

刘国顺. 2010. 烟草栽培学. 北京：中国农业出版社.

强胜. 2017. 植物学. 2版. 北京：高等教育出版社.

云南省烟草科学研究所，中国烟草育种研究（南方）中心. 2007. 烟草种子学. 北京：科学出版社.

中国农业科学院烟草研究所. 2005. 中国烟草栽培学. 上海：上海科学技术出版社.

周云龙. 2011. 植物生物学. 3版. 北京：高等教育出版社.

3

烟草的营养器官——根

烟草的根是构成烟草植株地下部分的主体,是烟草植株对陆生生活长期适应的产物。烟草植株通过根深扎土壤以固定植株于土壤中,并从土壤中吸收其生存和光合作用所需的矿物质、水等物质。

3.1 根的生理功能

（1）吸收水和无机营养物

根的主要生理功能是通过固定植株于土壤,吸收土壤中的水和溶解在水中的无机营养物,同时还吸收土壤中呈离子状态的矿物质,如N、P、K、Fe、Mg等。

（2）支持与固着

烟草植株生长,具有一定的高度,根适应这种株高,具有坚固的支撑功能;根在地下反复分枝,增加了对土壤的接触面,把植物牢牢地固着在常有风吹雨打的陆地环境。同时，根的坚固支持功能，还能支撑烟草植株地上部分的分枝及茎、叶、花、果实等。

（3）合成作用

根还有生物合成的作用。激素、多种氨基酸、植物碱及含氮等有机物都是在根内合成的。同时根还能分泌各种化合物，如糖类、氨基酸、有机酸、抗生素和维生素等生长物质及核苷酸和多种酶，这些分泌物具有分解和化感作用，有助于消化吸收矿质和影响周围植物及微生物群落。

3.2 烟草的根与根系

烟草根的外形呈圆柱状，这有利于侧根和根毛的分布，增加对土壤的接触面。根生长在地下，环境条件相对稳定，所以根的外形变化较小。

3.2.1 烟草根的发生

以烟草栽培品种'Petit Havana'为例，在室温23℃左右的条件下，烟草种子吸涨吸水，2天即开始萌动，胚根从种孔向外突起（图3-1）。3天后胚根突破种皮逐渐形成种根（图3-2）。种根是主根，也是烟草植株的第一条根。5天后种根的根毛形成（图3-3）。7天左右主根侧向发育形成许多大小分枝的各级侧根（图3-4）。

图 3-1　烟草种子萌发　　　　图 3-2　胚根突破种皮形成种根

图 3-3　根毛形成　　　　　图 3-4　侧根形成

3.2.2　烟草的根系

烟草的根系（图 3-5）很发达，由主根、侧根和不定根三部分组成。主根和侧根统称为定根。这些定根形成了烟草的直根系（图 3-6）。但由于烟草在移栽时主根常常受损伤，主根生长一段时间后就不再继续伸长，在主根和根颈部分，即茎的基部（地上气生部分和地下部分）生长大量的根，这些根称为不定根（图 3-7）。烟草不定根的产生，主要是由烟草栽培过程中所采用的提沟培土的生产措施所造成的。烟草在栽培过程中将部分烟茎埋在土里，使烟茎的基部产生大量的不定根。这些不定根除具有吸收水分和无机营养物、支持与固着植株、合成生

图 3-5　烟草的根系　　　　　图 3-6　烟草的直根系

物内容物作用外，还具有收缩作用，能将植株拉近地面或黏附支撑物，使烟株固着得更牢固。

烟草的根系不仅是重要的吸收器官，也是烟草植株生长所需要的一些重要物质如氨基酸、激素等的合成器官。影响烟叶品质的一个重要成分——烟碱，主要是在根内合成后输送到茎、叶中去的。烟碱的合成量与根系生长活动关系密切。因此，在烟草栽培过程中应特别注意为根系创造良好的环境，培养强大的根系是提高烟碱含量的一项重要措施。

图 3-7　烟草的不定根

3.3　根尖及其分区

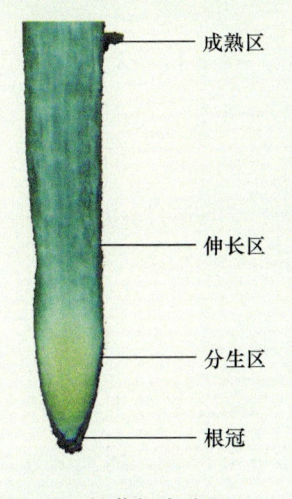

图 3-8　烟草根尖分区

根的先端称为根尖，是根毛生长区及其以下一段 1cm 左右的部位。根尖是根生长最活跃的部分。根尖不断生长，始终接触新的土壤环境以达到不断地吸收水分和无机营养物质的目的。根尖的结构由下而上可分为 4 个区域，即根冠、分生区、伸长区和成熟区（图 3-8）。

（1）根冠

根冠为根尖的先端，是由薄壁细胞组

成的帽状结构。根冠被认为是顶端分生组织上一种保护内部生长点的构造,由顶端分生组织细胞分裂而成,它帮助正在生长的根穿入土壤。根在土壤中延伸时,根冠外围的细胞不断破损、死亡和脱落,内层的细胞不断产生新细胞来补充,使根冠保持一定的厚度。根冠是控制根的向地反应器官。根冠对重力感觉的部位是中央部分的细胞,其中含有淀粉体,称为平衡石,是重力的传感器,与根的向地生长有关。生长在土壤中的根尖,或多或少都覆盖有大量的黏液,根冠是这种黏液的主要来源。这种黏液的作用是减少根尖在生长过程中与土壤的摩擦,减少土壤对根尖的损伤,同时作为一种吸收表面,促进离子交换、溶解和螯合某些营养物质。

(2) 分生区

根尖分生区位于根冠内方,由一群分生组织构成。根尖分生区细胞不断分裂生长,增加根尖细胞数目,向下补充新的根冠细胞,向上形成伸长区。其中央位置有三层原始细胞,由它分化出根的各种结构。最外层称为根表皮原始细胞,将分化出根冠及根表皮;中间层为皮层原始细胞,将分化成皮层;最内层为中柱原始细胞,将分化成中柱。

(3) 伸长区

伸长区的特点是细胞液泡化、伸长快,一边分裂,一边伸长,处于分生组织向成熟组织生长分化的过渡状态。伸长区中靠近生长点的细胞还有分裂能力,细胞随离开生长点的距离变远,分裂能力逐渐降低,但细胞伸长的速度逐渐增加,在伸长生长的同时,细胞就开始分化。伸长区后端的根表皮细胞分化出根毛时,内部的初生构造相应地分化。该区细胞的伸长是根尖向土壤中伸进的主要原因。

(4) 成熟区

成熟区又称根毛区,位于伸长区上方,特征是部分根表皮细胞向外突出形成根毛。根毛区是初生构造分化完成的部分,根毛的存在大大扩大了根的吸收面积,是根系吸收营养和水分最强的部分。

3.4 烟草根的解剖结构

3.4.1 烟草根的初生结构

根尖的顶端分生组织经过分裂、生长、分化等初生生长过程发育出根的初生结构。

取成熟区的根尖做横切片可见，烟草根的初生结构分为表皮、皮层、中柱三部分（图3-9）。

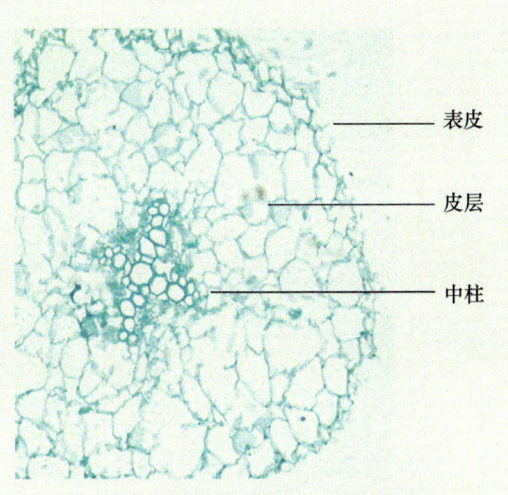

图3-9　烟草（白肋烟）幼根横切（示初生结构）

（1）表皮

表皮是根的最外层细胞，由薄壁细胞构成，无气孔分布，大部分表皮细胞向外突出形成根毛，故根表皮属于吸收组织。

（2）皮层

皮层在表皮以内、中柱以外，在根中占较大比例。皮层又可分为外皮层、皮层薄壁组织和内皮层。外皮层的细胞常排列紧密，有一至数层细胞，在表皮脱落前后，其细胞壁栓质化，可行保护作用。但不是所有植物都有外皮层。皮层薄壁组织的细胞一般较大，排列疏松，含大液泡，是皮层的主要部分。内皮层只有一层细胞，其细胞径向壁及上下横壁上形成带状增厚结构，称为凯氏带。凯氏带径向壁在横切面上呈点状（凯氏点）。

（3）中柱

中柱由中柱鞘、初生木质部、初生韧皮部及位于木质部和韧皮部之间的薄壁细胞构成。中柱鞘是中柱最外的一层或数层薄壁细胞。中柱鞘以内，初生木质部与初生韧皮部相间排列，两者分化成熟方式为外始式，即都是由外向内分化。先分化成熟的木质部导管是口径较小的环纹导管、螺纹导管，属于原生木质部；后分化成熟的导管是口径较大的梯纹导管、网纹导管和孔纹导管，属于后生木质部。烟草根的初生木质部常为四原型，呈放射状排列。

3.4.2 烟草侧根的发生

烟草的侧根一般都起源于中柱鞘，即在根毛区后部。中柱鞘细胞经过平周分裂，形成了向外排列的几层细胞，称为侧根原基，由此分化成为侧根的根尖，随着伸长区的生长和输导组织的分化，侧根的根冠和生长点穿过根的皮层而生长成为侧根。烟草的主根不明显而侧根非常发达，由于在生产中烟草采用育苗移栽的方式，主根受损停止生长，促使侧根大量发生。一般烟草能产生多级侧根，即主根上产生一级侧根，一级侧根上又产生二级侧根等。侧根的维管束与主根连成一体，其基本结构也与主根相同（图3-10）。

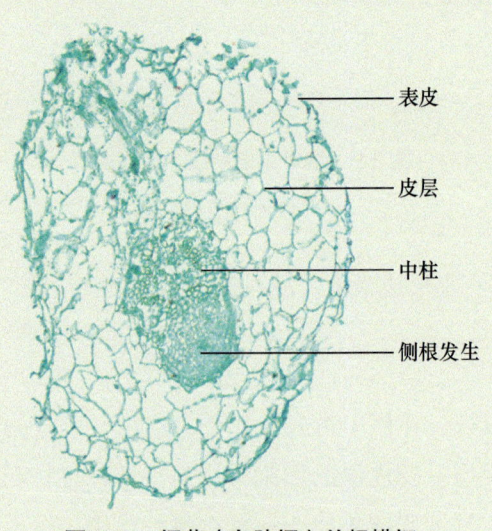

图3-10 烟草（白肋烟）幼根横切（示侧根发生）

3.4.3 烟草根的次生结构

烟草的根系在完成了初生生长后，由于形成层的发生和活动，不断地产生次生维管组织和周皮，使根的直径增粗，这种生长过程称为次生生长。烟草根的次生构造是在根毛区后部开始出现的。次生结构的出现，使根的直径不断扩大，根表皮由于受到内部膨胀压力而开始破裂、根毛脱落。

次生生长是由维管形成层和木栓形成层两部分共同完成的。维管形成层产生于初生木质部和初生韧皮部之间的薄壁细胞脱分化，形成片段形成层；以后这些片段形成层逐渐沿初生木质部束向外扩展，后因对着初生木质部的中柱鞘细胞也脱分化，而使整个形成层连接起来，形成波浪状；形成层在形成过程中向内分裂形成次生木质部，向外分裂形成次生韧皮部，由于向内产生次生木质部的细胞较多，形成层不断向外推移成为形成层圆环，使根不断增粗。部分维管形成层还分裂产生径向运输系统——射线。

根的木栓形成层起源于中柱鞘细胞，它向外分裂产生木栓层，向内分裂产生栓内层，三者合称周皮，取代因根的增粗而破坏的表皮，起次生保护作用。

维管形成层细胞的分裂活动，不断产生次生维管组织和射线，形成了根的次生构造，根也逐渐加粗（图3-11）。

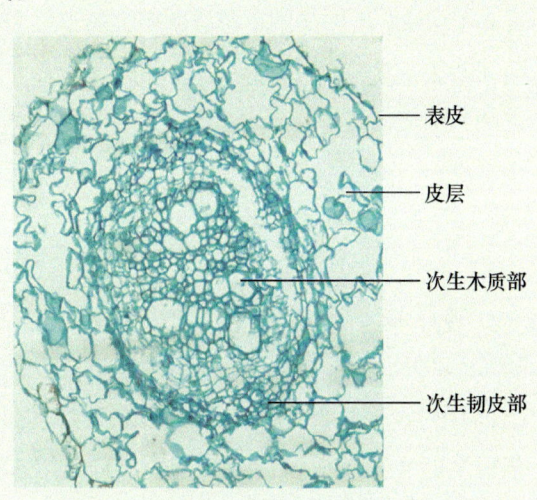

图3-11 烟草（白肋烟）根横切（示次生生长过程）

3.5 移栽对烟草根系的影响

由于采用育苗移栽的方式，烟草植株主根不明显，移栽后5~10天侧根开始迅速生长。一般在移栽15~20天时，根深可达到20~25cm；烟草根发育最快的时期是在移栽后30~40天，在土壤疏松的条件下，到开花时可深达 80～100cm。根系密集的范围比分布的范围小得多，特别在纵向，密集层范围更小。烟草根系有 70%～80% 密集在地表下 16～50cm 厚的土层内，密集宽度为 25～80cm。根系密集层的深度占总深度的 1/4～1/3，密集宽度占总宽度的 1/3～1/2。影响烟草根系生长发育的主要因素如下。

(1) 温度对根系生长发育的影响

烟草根系生长的最低土温是 7℃，最高土温为 43℃，最适土温为 30℃左右。在 7～25℃，根生长速率减慢。而且低温往往使根系变粗，侧根数量减少。当土温在 25℃以上时，烟草植株根系生长较快。Muroku 和 Sozo（1954）所做的烟草苗床温度试验结果表明，高气温处理烟苗时生长快，苗床土高温时烟苗的地上和地下干物质量均较高，而烟苗叶片数量无大的差别；烟苗根部的吸收能力则是气温低、土温高时最高，气温和土温均高次之，而气温高、土温低或气温和土温均低时最低。

(2) 土壤水分对根系生长发育的影响

烟草根系生长的最适土壤水分含量为土壤相对持水量的 60%～80%。土壤水分适宜时养分的有效性提高，土壤的机械阻力减小，有利于根系的生长。但土壤水分过多又会造成通气不良而影响烟草根系的生长和根系活力；土壤水分过少，土壤中养分的有效性降低，土壤的机械阻抗增大，也不利于根系的生长。

(3) 土壤通气性对根系生长发育的影响

土壤的通气性主要是指土壤中的空气量和土壤空气中氧气与二氧化碳的比例。当土壤气相中氧气的比例下降到 10% 以下时，根系的生长就要受到影响。在缺氧条件下，土壤有机成分形成的还原性物质或是根系无氧呼吸产生的乙醇对根系的毒害，有可能导致烟草植株死亡。

(4) 土壤 pH 对烟草根系生长发育的影响

烤烟根系生长发育最适宜的土壤 pH 是 5.5～6.5。云南省烟草科学研究所杨宇虹等（1998）进行的 pH 对烤烟根系生长影响水培试验的结果表明：烤烟根系在 pH 为 5.5 的培养液中生长情况最好，根系的鲜重、干重和干鲜比均最高，而根系活力则是在 pH 为 4.5 时最高；烟草植株根系对 pH 有较强的调节作用。烟草根最大可调节 2 个单位的 pH；培养液的 pH 越接近 7.5，烟草根对培养液 pH 的调节幅度越小。

本章主要参考文献

强胜. 2017. 植物学. 2 版. 北京：高等教育出版社.
http://www.tobaccochina.com/tobaccoleaf/farming/data/200712/2007113085250_280121.shtml（烟草在线）

4 烟草的营养器官——茎

4.1 烟草茎的生理功能

烟草茎由胚轴和胚芽发育而成。它下部连接地下根系，上部支持叶、花和果实，使叶、花和果实分布在空中一定的位置，并充分接受阳光。烟草茎的主要生理功能是输导和支持作用。除此之外，还有繁殖、贮藏和光合作用等功能。

（1）输导作用

烟草茎是植物体上下运输物质的通道。其输导作用是通过输导组织进行的。根部吸收的水分和无机盐及根合成的物质由输导组织中的木质部导管和管胞向上运输到茎，然后经由茎再运输到叶、花、果实和种子中；同时，叶片制造的有机物质由输导组织中的韧皮部筛管运输到上部的嫩叶、花、果实和种子中，同时也向下输送到根部，以供它们利用或贮藏。茎的输导作用使得植物体各个部位的活动连成统一整体。

（2）支持作用

同大多数其他植物一样，烟草的茎也呈轴状，是烟草植物体的骨架。它不仅支持着烟草地上部分枝、叶、花、果实和种子的全部重量，同时也能使叶、花、果实和种子合理地展布在空间，充分地接受阳光，有利于叶更好地进行光合作用和蒸腾作用。茎能使花在枝条上更好地开放，有利于传粉；使果实更好地发育，有利于种子的传播。

（3）繁殖作用

烟草的扦插、嫁接和芽培等营养繁殖都可以通过茎来实现。将扦插枝扦插于合适的土壤中，经过一段时间，扦插枝下部长出不定根后可以形成新的个体。用某种烟草的嫩枝或芽（接穗）嫁接到另一种烟草茎上（砧木），可以改良烟草的性状。还可以利用组织培养技术进行脱毒芽培，这种快速的烟草繁殖方式大大地提高了烟草的繁殖效率。

（4）贮藏作用

在烟草茎的解剖结构中可以看到，皮层的部分薄壁细胞、部分射线薄壁细胞及部分髓薄壁细胞中含有大量的草酸钙砂晶；在皮层的淀粉鞘中也含有大量淀粉，因此烟草茎具有贮藏作用。

（5）光合作用

烟草茎除表皮的保卫细胞含有叶绿体外，皮层的薄壁细胞和厚角组织中也含有大量的叶绿体，因而烟草茎呈绿色，可以进行光合作用。

4.2　烟草茎的基本形态及分枝方式

烟草茎近圆柱形，直立向上生长，一般为绿色，老时呈黄绿色。烟草大多为一年生草本，个别为有限多年生草本。烟草茎基部常常稍微木质化。烟草植株的株高一般为50～150cm，不同种之间，甚至同一种的不同品种之间，植株的高矮有明显差异。例如，烤烟的株高一般为120～150cm，香料烟的株高一般为80～100cm，黄花烟的株高一般为50～100cm，也有更矮或更高的烟草种类和品种。另外，烟草的株高受栽培条件影响，同一品种当栽培条件好时，植株往往会长得高一些。

烟草茎的粗细因种类、品种和栽培条件而异，但大多差别不大。在常见栽培的烟草中，香料烟的茎最细。同一品种在光照强、水肥适当、栽培密度适宜的条件下，茎秆往往长得比较粗壮；在光照弱、肥水充足、栽培密度大的条件下，茎秆往往长得细长而柔弱。一般同一品种的不同植株，茎的粗细与叶片大小往往呈正相关。

和烟草叶一样，大部分烟草种类和品种的茎表面密生表皮毛（保护毛和腺毛），幼茎上尤其多。以后，随着烟草植株的生长，茎上一部分表皮毛会逐渐脱落。

在自然生长的状态下，烟草顶芽始终具有顶端优势，因此腋芽不萌发或者长势微弱，当人工打顶抹去顶芽后，腋芽便自上而下迅速萌发并发育为侧枝。

同其他被子植物一样，烟草茎上也具有节和节间，着生有芽、叶、花、果实和种子等器官和结构（图4-1）。

（1）节和节间

烟草茎上着生叶的部位称为节，两相邻节之间的部分称为节间。烟草的节不明显，只是在叶的着生处略微有突起。同一烟草

图4-1 '本氏'烟草茎的基本形态

植株上，节间有长有短，所以叶在茎上的排列也有疏有密。烟草植株主茎的高度取决于节数和节间的长度，节多且节间长的植株，其茎也高。

（2）芽

芽是植物的枝条、花或花序的原始体。烟草地上部分除了茎的最下部是由下胚轴发育而来的外，其余结构都是由芽发育而来的。在烟草植株顶端着生的芽称为顶芽，叶腋处着生的芽称为腋芽或侧芽。

据研究者对'大黄金'等几个烟草品种的观察，烟草在营养生长时期，每个叶腋处只有一个腋芽，当烟草植株进入生殖生长阶段时，腋芽开始逐渐萌动，同时在腋芽外侧（即靠近叶片的一侧）的基部，产生1~2个新芽，称为副芽。烟草不仅有顶芽、腋芽和副芽，当截去茎秆上部后，茎秆内部也可以发生不定芽（即不定芽朝向髓内生长），可见烟草茎的再生能力很强。烟草的顶芽、腋芽和不定芽都是由许多发育程度不同的叶原基和幼叶包围着的生长点构成的。芽外没有鳞片包被，因而是裸芽。

在烟草的营养生长过程中，其顶芽是营养芽，烟草的顶芽活动始终占有优势，不断地产生节和节间、叶原基和腋芽原基，而腋芽因为受到顶芽的抑制几乎处于休眠状态。因此，自然生长状态下的烟草植株只有一个明显的轴状茎。烟草茎的这种分枝方式称为单轴分枝或者总状分枝。

当烟草植株完成营养生长后，其顶芽就由营养芽转变为花芽，此后的烟草就由营养生长转变为生殖生长。顶芽内的顶端分生组织以后不再产生叶原基和腋芽原基，而是分化出花序的各部分原基及花的各部分原基。当花的各部分原基形成之后，茎尖分生组织完全消失。

在生产实践中，当烟草植株营养生长到末期或由营养生长转变为生殖生长时，就会对烟草进行"打顶抹杈"。烟草打顶就是把顶芽去除，从而提前去除顶端生长优势或避免开花导致的对叶片营养物质的消耗。与此同时，顶芽对侧芽的抑制消失，侧芽就会由休眠状态转变为活动状态,自上而下迅速萌发。因此,为了避免侧芽生长争夺原有叶片的营养物质,在烟草打顶几天后也会把侧芽去除或喷洒抑制侧芽活动的物质,促使营养物质能够及时分布到各个叶片中去,使上部叶片及时增大,并充分成熟,从而提高烟叶的质量和重量。

腋芽的活动除受打顶影响外,还受温度的影响。人工模拟低温诱导烟苗可明显促进腋芽的萌发活动。其原因是低温使顶芽生长素(IAA)含量明显降低,从而减弱了顶端优势。

4.3 烟草茎尖(顶芽)结构及烟草茎的生长

4.3.1 烟草茎尖(顶芽)结构

种子萌发后,胚芽即发育为顶芽。子叶刚出土时的顶芽,其生长点表面积和体积都很小,周围有1~2片幼叶和叶原基围绕。随着烟草植株的生长,顶芽的体积和表面积不断增大,一方面是由于幼叶(叶原基)和腋芽原基数目的增加,另一方面是由于生长点的表面积也加大了。当烟草植株长到15~18片叶时,茎尖生长为宝塔形,生长点也发展为圆锥形。以后顶芽就不会再产生叶原基和腋芽原基了,而是分化出花序和花的各部分原基。也就是说,烟草植株由原来的营养生长转变为生殖生长。

根据烟草茎尖细胞发育程度的不同,自上而下可以分为三个区域,即分生区(即生长锥或生长点)、伸长区和成熟区。分生区位于烟草茎最顶端,实际上就是茎的顶端分生组织。按照其来源,它包括原分生组织和初生分生组织,其中原分生组织位于最上面,周围分布有叶原基和腋芽原基。初生分生组织紧挨在原分生组织下端,由原分生组织初步分化而来,包括原表皮、原形成层和基本分生组织。在初生分生组织的外周着生有叶原基、腋芽原基和幼叶。

根据 Schmidt(1924)提出的原套原体学说(tunica-corpus theory),

烟草茎尖生长点也是由原套和原体两部分组成。原套位于生长点的外表面，细胞呈方形，由两层细胞组成，细胞排列紧密，只进行垂周分裂以扩大其表面积而不增加细胞层数。原套分裂产生的细胞向下延伸，并有了初步分化，形成原表皮。原体位于原套内侧，由一团排列不规则的细胞组成，可以向各个方向分裂，以增大生长锥的体积。原套和原体的细胞分裂活动互相配合，协调一致，因此生长点始终保持原套原体的结构（图4-2A）。

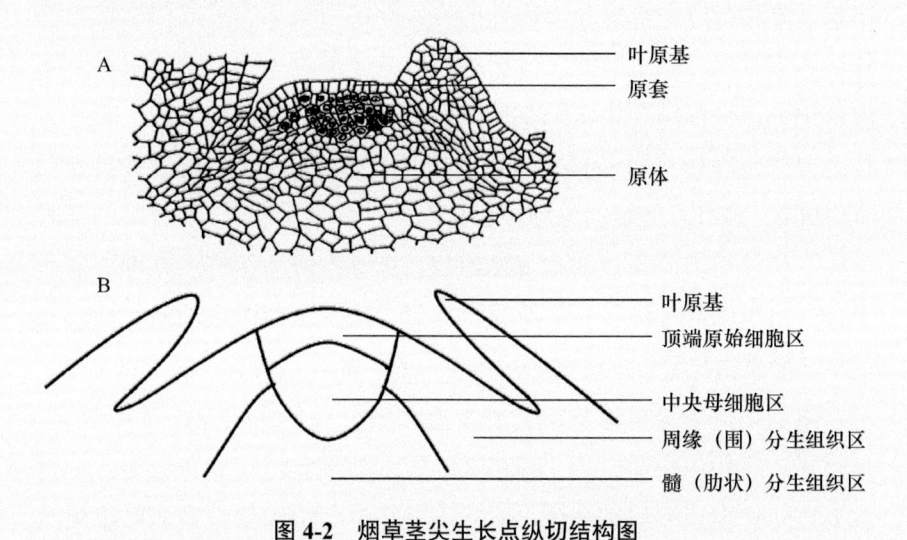

图4-2 烟草茎尖生长点纵切结构图
A. 细胞模式图（示原套原体学说）（引自中国农业科学院烟草研究所，2005）；
B. 轮廓图（示细胞组织分区概念）

根据Foster（1838）和Gifford（1950）提出的细胞组织分区概念（concept of cell-tissue zonation），烟草茎尖分生区也有明显的细胞特征的区域分化现象。在原套的顶端中央部位有一个原始细胞群，是胚性干细胞群，叫作顶端原始细胞区。原体的中央部位也有一个原始细胞群（胚性干细胞群），叫作中央母细胞区，其细胞核较大，细胞分裂频繁。顶端原始细胞区的细胞进行分裂，向下形成了周缘（围）分生组织区；中央母细胞区的细胞进行分裂，向下形成了髓（肋状）分生组织区和部分周缘（围）分生组织（图4-2B）。周缘（围）分生组织区位于髓（肋状）分生组织区的外周，细胞较髓（肋状）分生组织区的细胞小，染色也较深。细胞质比较浓厚，分裂活动也较频繁，在有的位置上它会进行更频繁的分裂，因此形成了叶原基、腋芽原基。叶原基随着茎的伸长、发育，以后逐渐下移并发育为幼叶。腋芽原基逐渐发育为腋芽。周缘（围）分生组织区细胞继续分裂，但和顶端原始细胞区相比，其分裂有所减弱，其分裂的细胞继续下移并有了初步分化，分化成初生分生组织，即原表皮、基本分生组织和原形成层。原表皮进一步生长分化，以后会发育为成熟区的表皮；基本分生组织进一步生长、分化，以后发育为成熟区的皮层和髓射线；原形成层发育为成熟区的维管束。髓（肋状）分生组织区位于周缘（围）分生组织区的内部中央，较周围分生区的细胞大，且液泡化，染色比较浅。髓（肋状）分生组织区先进行横向分裂（可使髓伸长），继而进行倾斜分裂（增加同一横切面上髓的细胞数，从而增加髓的直径），其分裂的细胞继续下移并初步分化成初生分生组织，即基本分生组织。这部分的基本分生组织以后继续生长、分化、发育为成熟区茎中央的髓。幼茎表皮及其附属物都是由原套的外层细胞分裂、生长、分化、发育而来的。

伸长区位于分生区下端，其上有密集分布的未成熟的节和节间、叶原基、幼叶和腋芽原基。伸长区的大多数细胞已经停止分裂，主要在进行伸长生长和组织分化，实际上就是分生组织发育为成熟组织的过渡区域。

成熟区位于伸长区下方，最大的特点是细胞生长和分化已经基本完成，形成了各种成熟组织，构成了烟草茎的初生结构。

和烟草的根尖相比，两者的形态结构有非常明显的相同点，即都有分生区、伸长区和成熟区，且二者对应各区的细胞结构和活动也相似。但是，由于它们所处的环境不同，需要担负的生理功能也不一样。因此，它们的形态结构也有很多不同的地方。首先，烟草茎尖没有类似根冠的结构。其次，烟草茎尖分生区基部着生有叶原基、腋芽原基、幼叶、节和节间等结构，幼叶包围覆盖着分生区，而根尖没有这些结构。最后，二者成熟区的解剖结构也有较大差异。

烟草茎尖分区及其组织分化成熟过程见图4-3。

```
原分生组织              初生分生组织                      初生结构
                                        ┌→ 原表皮 ─────────→ 表皮
顶端原始细胞区 ──→ 周缘（围）分生组织区 ──┼→ 基本分生组织 ────→ 皮层、髓射线
              ↑                         └→ 原形成层 ────────→ 维管束
              │
中央母细胞区 ──→ 髓（肋状）分生组织区 ──→ 基本分生组织 ─────→ 髓

       分生区                              伸长区        成熟区
```

图 4-3 烟草茎尖分区及其组织分化成熟过程

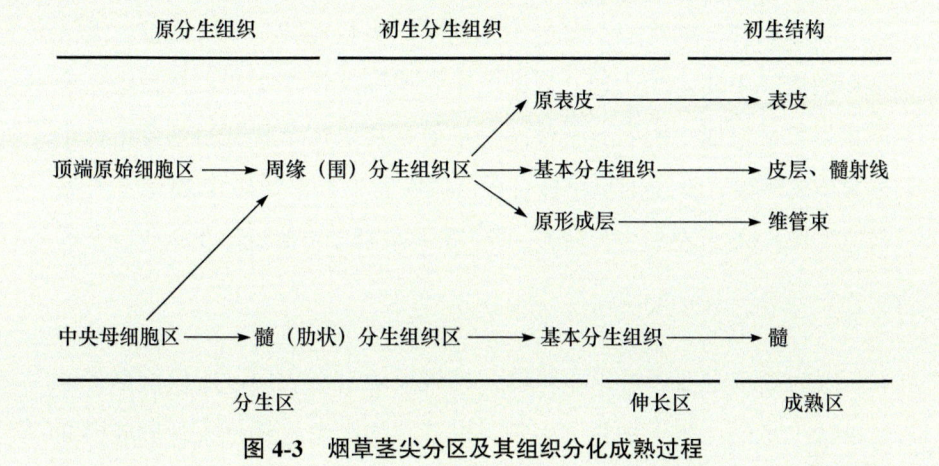

4.3.2 烟草茎的生长

栽培的烟草植物大都是草本，因此主要进行初生生长，即伸长生长。但是又因为烟草茎的维管束中有形成层，所以烟草茎也会进行少量的加粗生长。

（1）烟草茎的初生生长（伸长生长）

如图 4-3 所示，烟草茎的茎尖分生区细胞，即顶端分生组织（原分生组织和初生分生组织）细胞经过分裂、生长和分化，使茎伸长，同时也增加了茎的节和节间的数目，产生了新的叶原基和腋芽原基。这个生长过程因为在茎尖进行，因此也叫作顶端生长。

另外，在烟草未成熟茎的每个节间基部都分布有居间分生组织。它与顶端分生组织一样，也会进行细胞分裂、生长和分化的活动，其结果是节间伸长，这种生长方式叫作居间生长。不过居间生长的时间往往较短，然后居间分生组织就全部分化为成熟组织。所以单就一个节间来说，居间分生组织引起的茎的伸长是有限的。但因为每个节间都有居间分生组织，所以这种生长对茎的伸长往往有较大的贡献。因此，烟草茎的初生生长实际上包括两种方式，即顶端生长和居间生长。由这两种生长方式所产生的成熟结构，即烟草茎的成熟区，也叫作烟草茎的初生结构。

从外观看，烟草茎在整个生长期间，生长速度是不一致的。通常是初期慢，中期生长迅速，后期的生长速度又慢了下来，最后会完全停止生长。根据中国农业科学院烟草研究所对烟草移栽后烟草植株生长规律的观察，发现烟草植株自缓苗后恢复生长，到移栽20天后开始迅速生长，60天左右生长转慢，至70天左右生长接近停止。

（2）烟草茎的次生生长（加粗生长）

因为烟草是双子叶草本植物，维管束中有形成层，所以烟草茎也会进行少量的次生（加粗）生长。烟草茎的次生生长是维管形成层细胞经过分裂、生长和分化，产生次生维管组织的过程。

1）维管形成层的发生：烟草茎在成熟区形成不久，位于维管束中初生外韧皮部和初生木质部间的束中形成层细胞开始分裂。同时与束中形成层相连的髓射线细胞也开始脱分化，恢复分裂能力，形成束间形成层。这样束中形成层和束间形成层相间排列连成完整的一环，共同组成维管形成层。

2）维管形成层的细胞组成：维管形成层的细胞有两种类型，即纺锤状原始细胞和射线原始细胞（图4-4）。纺锤状原始细胞长扁平状，两端尖锐，高比长和宽大很多倍。纺锤状原始细胞的长轴与茎的长轴方向一致，纺锤状原始细胞仅分布于束中形成层中。射线原始细胞略呈长方体形或基本等径。射线原始细胞在束中形成层和束间形成层均有分布。这两种射线原始细胞在茎的横切面上大小和形状一样，都是扁平的小长方形，因而无法区分。

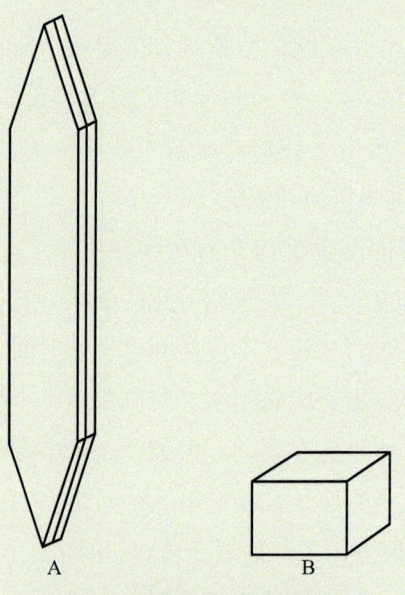

图4-4 维管形成层细胞类型
A.纺锤状原始细胞；B.射线原始细胞

3）维管形成层的活动及其产物：纺锤状原始细胞可以进行侧裂

或横裂产生新的射线原始细胞。不过纺锤状原始细胞主要进行切向分裂，每分裂一次产生内外两层细胞，这两层细胞接下来主要有两种情况：第一种情况是外层的细胞生长、分化、发育成次生韧皮部，位于初生韧皮部的内方，靠内方的这层细胞则保留分裂能力。第二种情况是内层的细胞生长、分化、发育成次生木质部，加在初生木质部的外方，而外层细胞则保留分裂能力。同样，射线原始细胞也会进行径向分裂，参与扩大形成层环。不过它主要也是进行切向分裂，产生内外两层细胞。这两层细胞的发育也会有两种情况：第一，外层细胞生长、分化、发育为韧皮射线，内层细胞保留分裂能力；第二，内层细胞生长、分化、发育为木射线，外层细胞保留分裂能力。

这样，维管形成层始终位于次生韧皮部和次生木质部之间，其中次生韧皮部位于维管形成层的外侧，次生木质部位于维管形成层的内侧。木质部和韧皮部共同构成了茎的轴向维管系统。韧皮射线和木射线共同构成了茎的横向射线系统。韧皮射线和木射线没有本质区别，都是茎中横向放射状排列的径向略长些的基本等径的薄壁组织。通常维管形成层产生的次生木质部明显比次生韧皮部多。另外，纺锤状原始细胞还会进行少量的径向分裂，产生左右排列的细胞，以扩大维管形成层环。

随着茎的增粗，初生韧皮部受到挤压，筛管和伴胞被破坏，因此，初生韧皮部最后仅留有韧皮纤维或消失。因为大多数烟草栽培品种是一年生草本，所以烟草茎的维管形成层活动十分有限，一般也没有木栓形成层和周皮产生。

烟草茎的次生生长过程即维管形成层的活动见图 4-5。

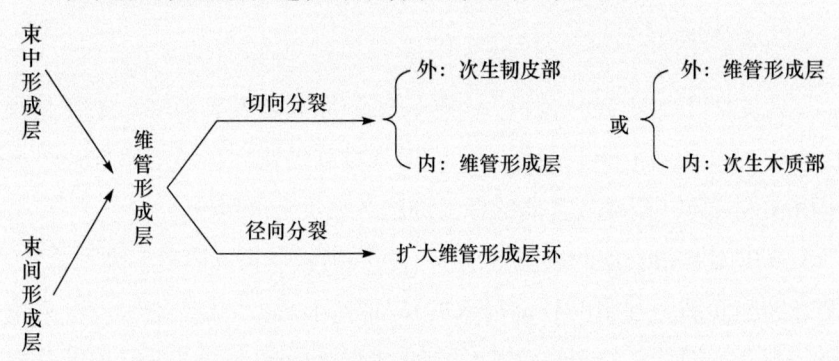

图 4-5 烟草茎的次生生长过程

4.4 烟草茎的解剖结构

4.4.1 烟草茎节间的解剖结构

4.4.1.1 烟草茎节间的初生结构

本书烟草茎的解剖结构主要取材于温室栽培的白肋烟、'巴斯玛'，以及大田生长的'红花大金元'等品种。在烟草茎的成熟区节间处横切面上，从外到内可以明显地分为表皮、皮层和维管柱三部分（图4-6）。

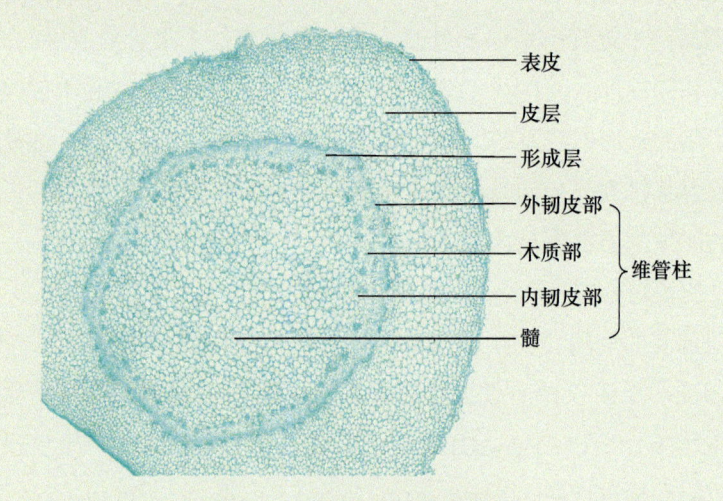

图 4-6　烟草幼茎横切细胞图

（1）表皮

表皮位于烟草茎的表面。由伸长区的原表皮发育而来。主要起保护作用。由一层生活的细胞组成，细胞排列紧密，角质层不发达。表皮由表皮细胞、组成气孔器的保卫细胞、表皮毛等组成。

表皮细胞是表皮的最基本细胞。表皮细胞呈长方体形，排列紧密，没有细胞间隙，细胞的长轴与茎的长轴方向一致。表皮细胞内有大液泡，不含叶绿体。烟草的表皮细胞分化程度较低，可以进行垂周分裂

（径向分裂），因此可承受茎加粗生长时所产生的压力。

烟草茎表皮上也有少量气孔器分布，略突出于表皮之外。气孔器是调节茎的水分蒸腾和进行气体交换的结构。气孔器由两个特化的保卫细胞围合而成，呈肾形，以凹面相对，彼此间可以形成一个开口，称为气孔。保卫细胞的细胞壁厚度不均匀，两保卫细胞相对的细胞壁较厚，外侧壁较薄。这种结构与气孔的开闭密切相关。保卫细胞中含有少量叶绿体，因此可以进行光合作用。烟草茎上气孔器的形态结构和功能与烟草叶上的气孔器基本相同，但分布密度要稀疏一些（参考第 5 章图 5-6 烟草叶上下表皮扫描电镜图）。

表皮毛有保护毛和腺毛两类。保护毛先端稍尖，单列或有分枝；腺毛是由直立的单细胞或多细胞的柄和多细胞的腺头两部分组成，形态上与叶上的表皮毛基本相同，但柄要稍长些［参考第 5 章图 5-9 叶上下表皮体式显微镜图（A 和 B）和扫描电镜图（C 和 D）］。

烟草茎表皮的这些结构特点既能起到防止茎内水分过度散失、控制茎与环境的气体交换、抵制机械损伤、预防病虫害的作用，同时又不影响透光和通气，使茎内的绿色组织能够正常地进行光合作用。

（2）皮层

皮层位于表皮与维管柱之间，由伸长区的基本分生组织发育而来，主要起贮藏作用、光合作用及机械支持作用。皮层一般由多层薄壁组织组成，其细胞壁薄，横切面上大多呈圆形或扁椭圆形（图 4-7），纵切面上则呈长椭圆形。靠近表皮的几层薄壁组织细胞体积往往较小，细胞间隙也较小，其内侧的薄壁组织细胞体积较大，细胞间隙也较大。皮层从外到内，薄壁细胞中的叶绿体含量越来越少，直至没有，部分薄壁细胞中含有草酸钙结晶。

有一些烟草种类，其皮层除薄壁组织外，还有厚角组织分布（图 4-7）。从烟草茎的横切面看，紧邻表皮内侧有几层较小的细胞，近圆形或椭圆形，细胞壁有不均匀增厚，往往角隅处的细胞壁要厚一些，这些细胞就是厚角组织。厚角组织没有细胞间隙，纵切面观察，这些细胞则近似于长方形，上下端壁平直或稍倾斜。因此，这些厚角组织的

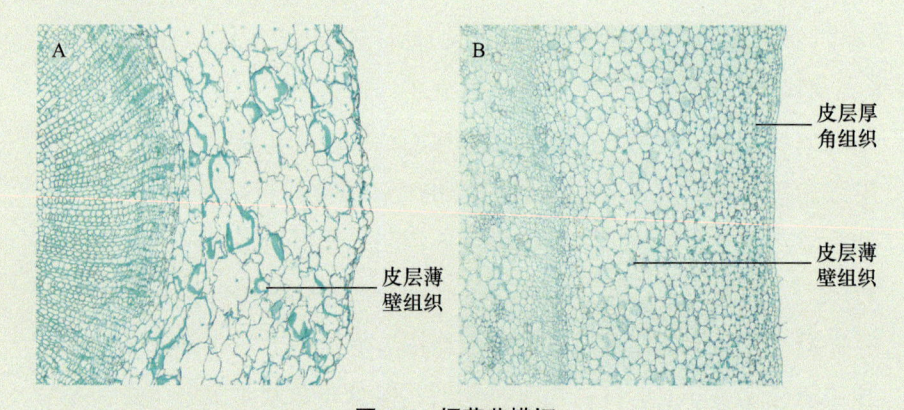

图 4-7 烟草茎横切
A. 皮层全部由薄壁组织组成的茎；B. 皮层由厚角组织和薄壁组织组成的茎

立体形状是端壁平或偏斜的长棱柱形，其长轴与茎的纵轴一致。厚角组织是初生的机械组织，细胞壁加厚的化学成分跟初生壁一样，主要是纤维素，也含有半纤维素和果胶质，而没有木质素。因此厚角组织具有韧性、可塑性和延展性，既可起机械支持作用，又能适应茎的迅速伸长。烟草茎厚角组织中含丰富的叶绿体，可以进行光合作用。烟草皮层内侧一至几层的皮层薄壁细胞往往较小，细胞呈方形、五角形或扁椭圆形，排列较紧密，往往在烟草植株进行次生生长后因为受到其内侧次生维管组织的挤压而变形（图 4-8）。

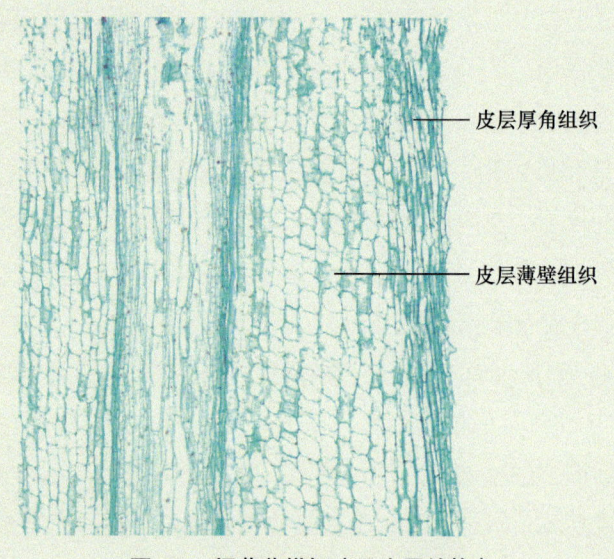

图 4-8 烟草茎纵切（示皮层结构）

（3）维管柱

维管柱是皮层以内所有的部分，由初生维管束、髓射线和髓组成。

1）初生维管束：烟草茎的初生维管束由伸长区的原形成层发育而来，主要起输导水分和无机盐及营养物质的作用。烟草茎的维管束是双韧无限维管束，由外而内依次由初生外韧皮部、形成层、初生木质部、薄壁组织和初生内韧皮部组成。

初生外韧皮部成束存在，由直径很小的筛管和伴胞组成。初生韧皮部的发育方式为外始式，即细胞是由外到内逐渐发育成熟的。两相邻维管束外韧皮部束之间是体积比较大的薄壁细胞，即髓射线的一部分。在较粗的茎内，由于被挤压，外韧皮部的筛管和伴胞破裂，最后初生外韧皮部消失或仅剩一些细胞残片。

另外，在初生木质部内侧、髓的外周有一圈较小的细胞，称为环髓带。环髓带由薄壁组织和环髓韧皮部组成，环髓韧皮部也叫初生内韧皮部。初生内韧皮部也成束存在，其细胞组成同初生外韧皮部一样，也是由筛管和伴胞组成（图4-9）。在有的茎中，初生内韧皮部还分化出细胞壁木质化加厚的韧皮纤维。

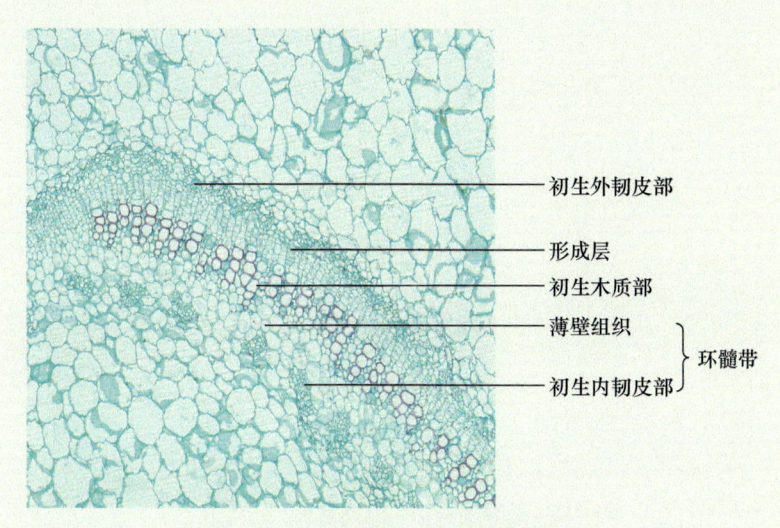

图4-9 烟草茎横切（示维管束结构）

紧邻初生外韧皮部内侧有一至几层排列整齐的细胞，在茎的横切面上呈扁平的小长方形，叫束中形成层区，其中有一层即束中形成层，其余则为束中形成层新衍生的小细胞。束中形成层是烟草茎继续进行次生生长的基础。它以后能向外分化出次生韧皮部，向内分化出次生木质部。

紧邻形成层区内侧的是初生木质部。由导管和木薄壁细胞组成。初生木质部的发育方式为内始式，即初生木质部细胞由内到外逐渐发育成熟。其中先发育成熟的叫原生木质部，后发育成熟的叫后生木质部。烟草茎初生木质部的这种发育顺序与根初生木质部外始式的发育顺序不同。从功能上来说，根和茎初生木质部的这种发育方式的配合可以提高水分和无机盐向上输导的效率。

在初生木质部和初生内韧皮部之间有数层薄壁组织分布，其结构和功能同内部的髓。

烟草茎维管束的分布有两种情况：一种是维管束均匀分布于皮层以内，排列成一轮；另一种是维管束不均匀分布于皮层以内，排列成一轮（图4-10）。

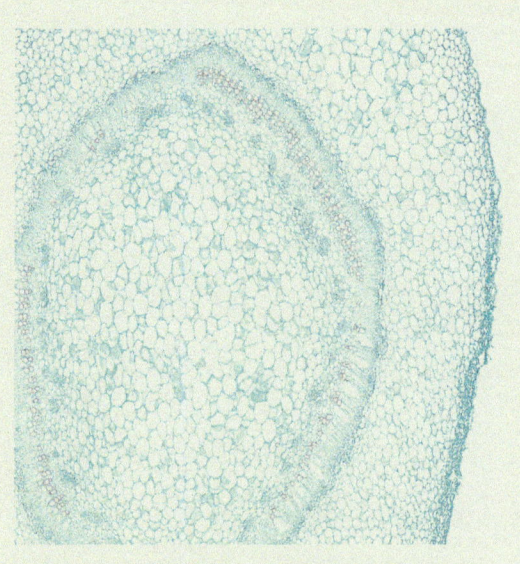

图 4-10　烟草茎横切（示维管束不均匀分布）

2）髓射线：髓射线是位于两个维管束之间，连接皮层与髓的薄壁细胞。由伸长区原形成层束之间的基本分生组织发育而来。在茎的横切面上呈放射状排列。在有的烟草茎中或维管束集中分布的区域，由于初生木质部相互靠得很近，因此位于木质部间的髓射线很难辨认，而两相邻韧皮部间的髓射线则比较明显。在有的烟草茎中，两初生外韧皮部束之间的髓射线细胞或初生外韧皮部外侧的皮层薄壁细胞会破裂，形成通气组织。髓射线除贮藏作用外，还可以横向运输，其中有一部分髓射线细胞可脱分化发育为束间形成层，和束中形成层一起构成维管形成层。

3）髓：位于烟草茎中央部分的薄壁组织称为髓。由伸长区原形成层以内的基本分生组织发育而来。髓的薄壁细胞体积较大，有胞间隙。细胞中常常含有淀粉粒，有的髓细胞中含有晶体，外周的髓部往往含有较多的砂晶，故髓具有贮藏作用。一般烟草主茎基部的髓不发达，向上髓所占比例逐渐变大，可以达茎直径的 2/3 以上。在老茎中，髓中央的细胞往往破裂，形成髓腔。

4.4.1.2　烟草茎节间的次生结构

烟草茎在完成初生生长后不久即进行次生生长。因此，除了初生结构（表皮、皮层和维管柱）以外，还有维管形成层和次生维管组织。在初生韧皮部内侧分布有次生韧皮部；在初生木质部外侧分布有次生木质部。次生木质部和次生韧皮部分别位于维管形成层的内外两侧。

次生韧皮部由筛管、伴胞和韧皮薄壁细胞组成；在横切面上呈不连续的环状，这是被韧皮射线间隔的结果。射线细胞为长方形，其长轴垂直于茎轴，排列成整齐的放射状，向内通过维管形成层与木射线相连，向外与皮层薄壁细胞相连。

和初生木质部相比，次生木质部的结构成分除导管和木薄壁细胞外，还有木纤维和木射线。导管成列排列，为环纹导管和螺纹导管。木射线同韧皮射线一样，也为放射状排列，向外通过维管形成层与韧皮射线相连，向内则直达初生木质部。

在次生韧皮部和次生木质部之间是维管形成层区。从茎的横切面上看，它们是几层扁平的小长方形细胞，其中仅有一层为维管形成层，其余则为还未来得及分化发育成熟的次生韧皮部或次生木质部。因此，次生生长产生了次生维管组织以后，维管形成层则由原来的紧邻于初生外韧皮部内侧和初生木质部外侧之间发展为紧邻于次生韧皮部内侧和次生木质部外侧之间。

如图4-11所示，烟草茎经过次生生长后，从外到内的结构依次是：表皮、皮层、初生外韧皮部、次生韧皮部、维管形成层、次生木质部、初生内木质部、薄壁组织、初生内韧皮部、髓射线和髓等部分。

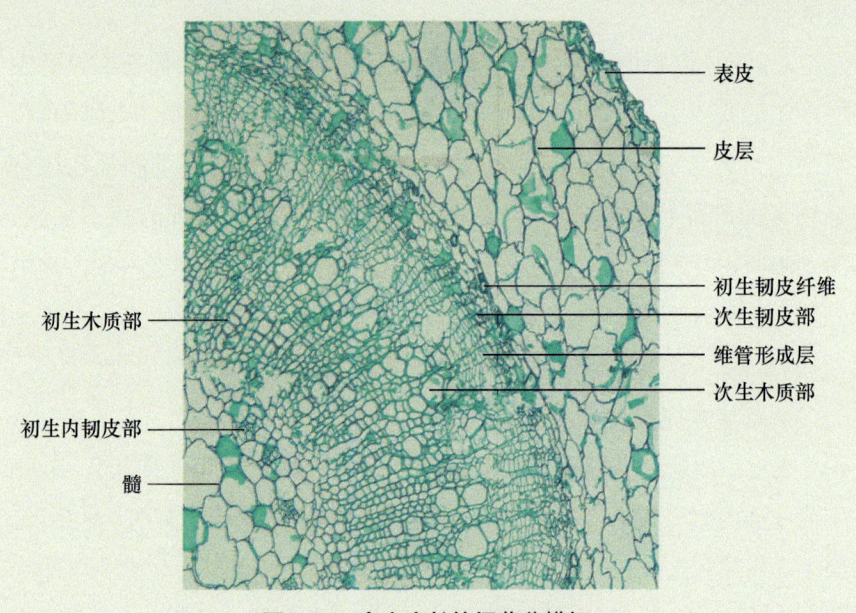

图4-11 次生生长的烟草茎横切

4.4.2 烟草茎节的解剖结构

烟草茎节的内部解剖结构也由表皮、皮层和维管柱组成。但由于有叶和芽等特殊结构，因此烟草茎节处内部结构要比节间复杂。对节部由下至上进行连续横切，可以观察到下列变化：首先是在茎内次生木质部的内方产生一个新月形维管束，有多列导管平行紧密排列，这是叶迹木质部与茎内木质部相连的部分。此时，茎的横切片轮廓仍然是圆形，还没有突起或者形成侧翼。向上一些的横切面可见叶迹维管束的木质部和韧皮部分别与茎维管束的木质部和韧皮部相连，叶迹维管束内侧的环髓韧皮部和髓也随着叶迹维管束的外移而向外突出。此时，茎的横切面上可以看到有了叶基横切面的形状。从叶着生位置的切片看，叶迹维管束更加外移，不过仍与茎维管束相连，整个横切面的轮廓可以更明显地看出叶基和侧翼的横切结构。在叶脉基部，叶基与茎快要分离的横切面上，茎叶虽然仍旧相连，但是叶迹维管束和茎维管束已经明显分离，叶迹维管束由原来的茎的次生木质部内部外移到皮层处。此时，茎维管束也因为被叶迹维管束外推而出现缺口，形状也由原来的圆环状变为瓶状。再向上一些的横切面上已经看不到叶基，但叶基的两翼仍然可见。

在瓶状茎维管束的瓶口部位，其两侧的细胞发生脱分化，开始分裂，并逐渐重新合拢，这些正在分裂的组织就是腋芽原基，以后发育为腋芽。再向上一些的茎的横切面上，可以看到腋芽的纵向切面。在腋芽纵切面上，可以看到腋芽维管束的韧皮部和木质部分别与茎的韧皮部和木质部紧密相连（图4-12，图4-13）。

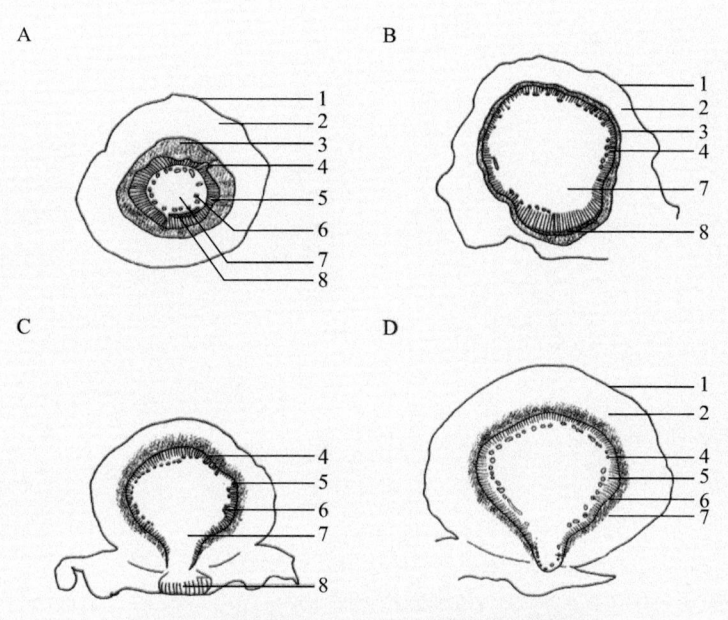

图4-12 烟草茎节处从下至上连续横切轮廓图
（引自中国农业科学院烟草研究所，2005）
A. 新月形叶迹开始出现；B. 叶迹维管束外移并仍然与茎维管束相连，叶基及侧翼出现；
C. 叶迹维管束与茎维管束分离，茎维管束呈瓶状并出现缺口；D. 瓶状维管束缺口合拢；
1. 表皮；2. 皮层；3. 韧皮部；4. 形成层；5. 木质部；6. 内韧皮部；7. 髓；8. 叶迹维管束

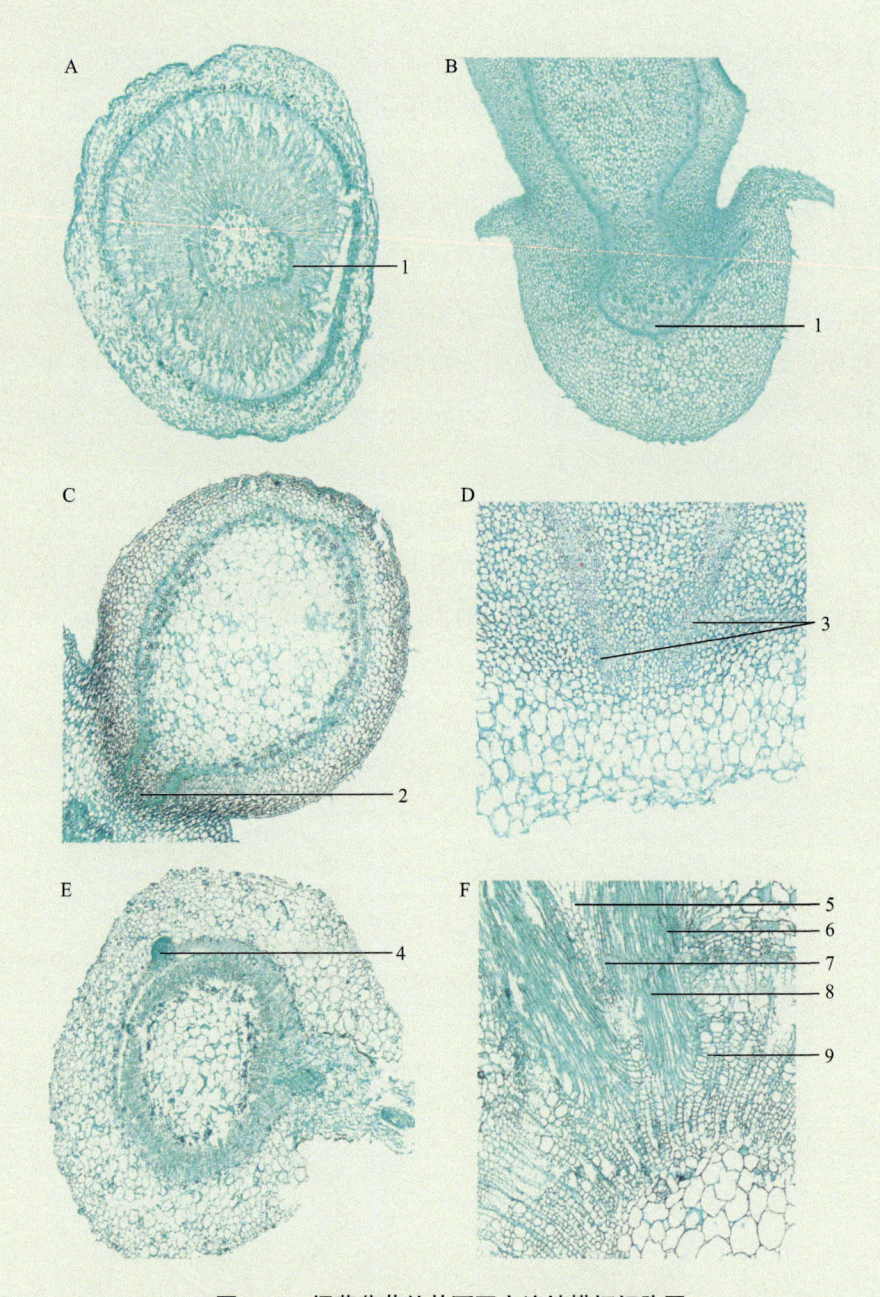

图 4-13 烟草茎节处从下至上连续横切细胞图

A. 新月形叶迹维管束出现；B. 叶迹维管束外移并仍然与茎维管束相连，叶基及侧翼出现；C. 叶迹维管束与茎维管束分离，茎维管束呈瓶状并出现缺口；D. 瓶状茎维管束瓶口部位两侧的细胞发生脱分化，并逐渐重新合拢，以后发育为腋芽原基；E. 腋芽原基出现；F. 腋芽维管束的韧皮部和木质部分别与茎的韧皮部和木质部紧密相连；1. 叶迹维管束；2. 茎瓶状维管束缺口；3. 脱分化组织；4. 腋芽原基；5. 腋芽的髓；6. 腋芽外韧皮部；7. 腋芽内韧皮部；8. 腋芽木质部；9. 茎次生木质部

本章主要参考文献

刘国顺. 2010. 烟草栽培学. 北京：中国农业出版社.

强胜. 2017. 植物学. 2版. 北京：高等教育出版社.

中国农业科学院烟草研究所. 2005. 中国烟草栽培学. 上海：上海科学技术出版社.

周云龙. 2011. 植物生物学. 3版. 北京：高等教育出版社.

5

烟草的营养器官——叶

5.1 烟草叶的生理功能

烟草种子的子叶可以看作烟草叶的雏形,烟草真正的叶是由叶原基发育而来的。叶最重要的生理功能是光合作用和蒸腾作用,它们在烟草的生活中有着重大的意义。除此之外,烟草的叶还有繁殖和吸收作用。

(1)光合作用

烟草茎虽然具有光合作用,但是对于烟草来说,叶才是它最重要的光合作用器官。叶片吸收光能后,通过叶肉细胞内叶绿体中光合色素的参与和有关酶的催化作用,把叶片吸收的二氧化碳和水合成有机物,并将光能转变为有机物中的化学能而贮存起来,同时释放出氧气,这个过程就是光合作用。烟草叶片中约有90%的干物质来自于光合作用。烟草叶的光合强度因叶片着生位置不同而有所差异。不论是旺长期还是成熟期,总是上部叶和未成熟叶的光合强度最高,中部叶和适熟叶次之，下部叶和过熟叶最低。烟草叶的光合强度同时也受环境条件的影响，如种植密度、施肥、灌溉等。为了增强烟草叶的光合强度，产生更多的有机物质，应该对烟草进行合理密度的种植、施肥和灌溉等，并进行科学的田间管理，以提高烟叶的品质和产量。

（2）蒸腾作用

蒸腾作用是指水分以气体状态从植物的体表散失到大气中的过程，是叶为了适应光合作用而衍生出来的另一个主要生理功能。烟草叶的蒸腾作用在烟草的生长发育中有重要的意义，是烟草通过根尖吸收水分和矿物质及在体内运输水分和矿物质的主要动力之一。根系吸收的矿物质主要是随蒸腾液流向上运输。因此，蒸腾作用对矿质元素在植物体内的运转十分有利。蒸腾作用还可以降低叶的表面温度，使叶在强烈的日光下不致因温度过分升高而受损害。烟草地上部分的体表都会发生蒸腾作用，但以叶片为主。烟草叶片大而薄，因此蒸腾作用也较强。此外，蒸腾强度也受光照强度、种植密度的影响。一定范围内，光照强度越强，则蒸腾作用也越强。在种植密度较高的情况下，由于光照相对较弱，温度较低，因此蒸腾作用也较低，故在栽培密度较大的情况下，烟叶中含水量较高；反之则较低。同一植株不同部位叶片的蒸腾速率有所不同。据山东农学院（今山东农业大学）和中国农业科学院烟草研究所（1960）对'益杂七号'品种成熟初期烟草植株的叶片进行蒸腾速率测定，发现在 5:00~18:00，上部叶的蒸腾速率最大，中部叶次之，下部叶的蒸腾速率最小。其原因除了与叶片所处的环境条件有关外，也与叶片的细胞状况有关。一般来说，上部叶片叶脉致密，细胞较小，单位面积上气孔数目较多，所以蒸腾作用最强。烟草叶片蒸腾作用强，促进烟草植株对水分和无机盐的吸收和运转，因而耗水也较多。据河南许昌专署水利局推算（1958年），150kg/亩的烟叶，烟草植株的田间蒸腾系数为1766.6。

（3）繁殖作用

烟草叶的繁殖作用主要是人工进行的营养繁殖。从 5~8 叶期壮苗截取烟草完整叶片，置（30±5）℃沙床遮阴保湿培养，6～24天从主脉伤口附近生出许多不定根，并于伤口附近发生新芽，继而发育成完整植株。移栽后在阳光下能独立存活。

（4）吸收作用

植物的吸收作用主要在根部，但叶片表皮也可以吸收附在其上的物质。烟草叶也不例外。烟草叶片的角质层较薄，气孔较多，更有利于吸收。利用这个特点，可以根外施肥，使烟草通过叶片获取养料，以补充根系吸收的不足。实验证明，幼苗叶片吸收的糖分几小时内即可分布到全株；尿素喷洒 6h 后吸收率是 23%，并运转至全株；叶片对磷的吸收率更高，喷后 5h 后吸收率为 30%。烟草叶片对某些矿质元素的吸收比根吸收的还要多。例如，对烟草叶片喷洒锰元素，经测定，吸锰量可达 37mg/株，而对根部的土壤施锰，吸锰量仅为 21.7mg/株。可见某些养分施于土壤不及叶片喷施有效，因此恰当地进行叶面喷施，对烟叶的产量和质量有一定效果。

5.2 烟草叶的组成及基本形态

烟草的叶在茎上的排列方式是互生，即一个节上只生长一个叶片。另外，它们属于没有托叶的不完全叶。有的烟草种类或品种也没有叶柄或叶柄不明显，如香料烟品种'巴斯玛1号'等，而有的有叶柄，如黄花烟草等，因此，一般烟草的叶仅有叶片。叶片的颜色，除白肋烟呈黄绿色外，其他类型的烟草叶都是绿色，品种之间有深绿和浅绿之分。同一品种，叶色深浅受环境条件的影响，水肥充足或轻盐碱地种植的烟叶，颜色较深；水肥不足的情况下，一般叶色较浅。

烟草的叶片有背腹之分。叶的背面位于下面（远轴面）；腹面位于上面，即朝向阳光的一面（近轴面）。烟草叶片外形如图 5-1 所示。叶的顶端叫叶尖，多渐尖形；叶的边缘叫叶缘，为全缘或呈波状；叶片

图 5-1 烟草叶基本形态图
A. '巴斯玛 1 号' 烟草叶正面观；B. '巴斯玛 1 号' 烟草叶背面观；
C. '本氏' 烟草叶正面观；D. '本氏' 烟草叶背面观

基部叫叶基，叶基下部急速变窄的部分叫侧翼。普通烟草的叶都有明显的侧翼，但有的较宽，有的较窄。侧翼下伸至茎的部分叫翼延。

烟草叶片的大小因不同种类或品种有较大差别。叶片大的类型，叶片长度可以达 70cm 以上；叶片小的类型，叶片长度仅有 10cm 左右。一般长 10～30（～70）cm；宽 8～15（～30）cm。通常野生种叶片比栽培种要小。同一品种叶因着生部位、肥力、光照等环境条件的不同也有明显变化。在同一植株上，一般中部的叶片最大，上部叶片其次，下部叶片最小。在肥水适宜、光照较好的条件下，叶片就比较大，反之就会小一些。

常见栽培烟草的叶多为长披针形：顶端渐尖，基部稍渐狭，叶长通常有叶宽的3倍以上，叶最宽处接近叶的基部，如晒烟品种'金英'。除此之外，还有椭圆形、卵圆形、心脏形等。椭圆形叶最宽处位于叶片中部。根据其差别，又可分为长椭圆形如烤烟品种'红花大金元'、椭圆形如烤烟品种'金星6007'、宽椭圆形如烤烟品种'革新一号'等。卵圆形叶最宽处位于叶基，根据其差别，又可分为长卵圆形如晒烟品种'青梗'、卵圆形如烤烟品种'特字401'、宽卵圆形如香料烟品种'沙姆逊'等。心脏形叶的叶长通常近等于叶宽或比叶宽稍长，叶片最宽处在叶基处，且叶基近中脉处凹陷，如黄花烟品种'二转子'（图5-2）。叶形还因着生部位而有所不同，一般植株上部的叶片比较窄长。不过烟草叶片的叶形主要由遗传决定。环境条件和着生位置对叶形影响较小。因此，叶形是区别烟草品种的主要特征之一。

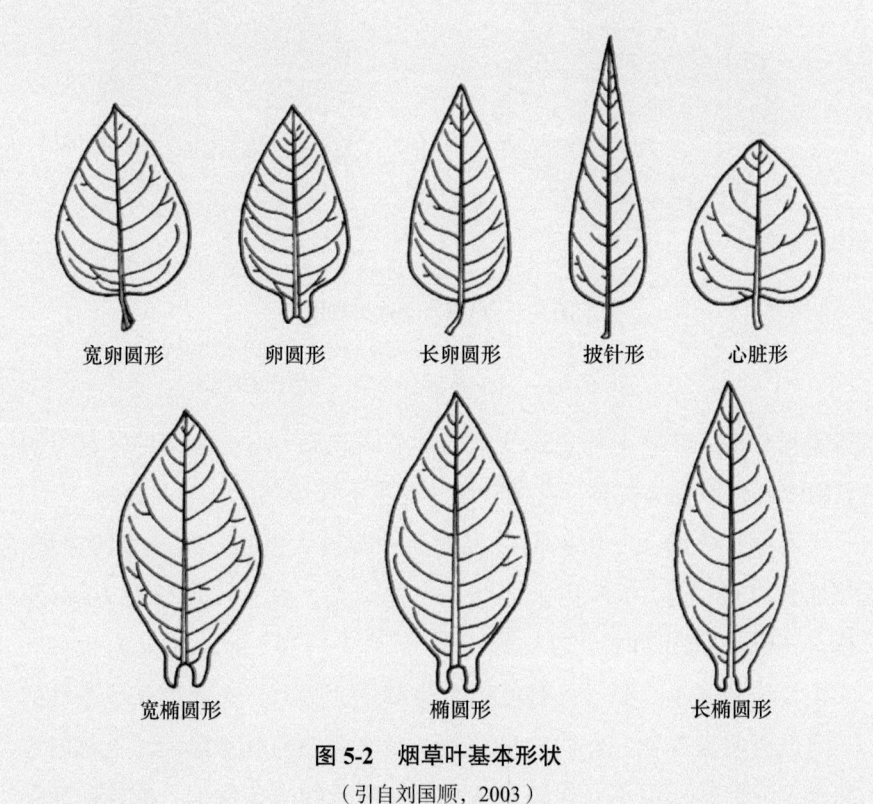

图 5-2 烟草叶基本形状

（引自刘国顺，2003）

同一植株上，叶片的大小不同会形成不同的株型。上、中、下叶片大小相近的植株，其株型为筒型；上部叶片显著大于下部叶片的植株，其株型为塔型。生产上要求上、中、下叶片的大小相近，株型为筒型。塔型植株一般是由施肥过量、单株叶数较少造成的，是烟叶生产上的不正常现象。

叶片上分布着粗细不同的叶脉，俗称烟筋或烟梗。叶脉内最重要的结构是维管束，它是水分和无机盐及营养物质的输送通道。叶脉在叶片上分布的方式叫脉序。烟草的脉序为羽状网状脉。其中居中的叶脉最粗最长，叫主脉；主脉两侧有9～12对侧脉，主脉和侧脉形成的角度与叶的宽窄直接相关。角度大，则叶片宽；角度小，则叶片窄。

烟梗在烟叶叶片中所占的质量分数叫含梗率。目前，生产上广泛栽培的品种，如'云烟87'和'K326'，其含梗率一般在25%左右。烟梗粗的，其含梗率可达30%以上。烟叶的含梗率因烟草种类、品种、叶片形状和厚度、烟梗的粗细不同而有所差别；同一品种烟草，其含梗率也会因生态条件不同而差别较大；同一烟株上，烟叶着生部位不同，含梗率也不同，一般中、下部叶片的含梗率高于上部叶片的含梗率。烟叶的含梗率与烟叶的质量相关，并直接影响到卷烟工业。含梗率高的烟叶，出丝率较低；反之则较高。

烟草叶上的表皮毛比较发达，普通烟草的表皮毛比黄花烟草的表皮毛更为浓密。随着叶龄的增加，大部分表皮毛会逐渐脱落。叶片的厚度依种类和品种及水肥条件不同也有差异。同一植株上，一般下部的叶片较薄，上部的叶片较厚，中部的叶片厚度居中。就一片叶而言，叶定长时叶片中部最厚，其次是叶尖和叶缘，叶基处最薄。

5.3 烟草叶的发生和生长

烟草叶来源于叶芽，由叶芽中的叶原基发育而来。叶原基发生于芽生长锥近顶端的原套组织。因此和侧根的内起源相比，叶的起源是外起源。原套的某些细胞比周围其他细胞进行更频繁的分裂，因而形成突起，这个突起就是叶原基。从组织性质上看，叶原基实际上就是叶的原分生组织。接着，由于远轴面细胞分裂和生长速度比近轴面快，因此近轴面变得扁平而远轴面逐渐隆起。在横切面观察，可见叶原基的轮廓略呈三角形。此时，叶原基的高度约为500μm，表面生有浓密的表皮毛（图5-3）。叶原基在茎尖发生的规律决定了叶在茎上的排列方式。

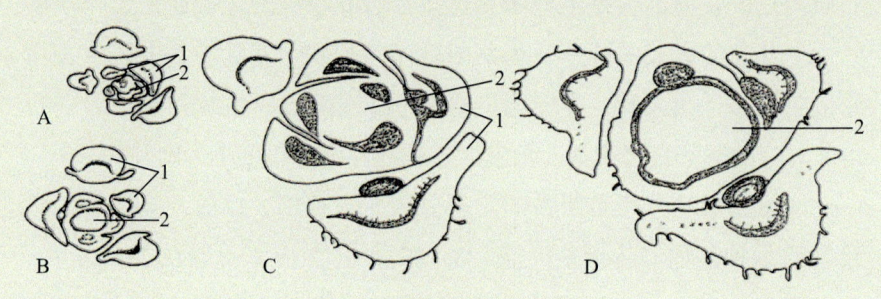

图 5-3 烟草叶分化连续图
1.幼叶；2.茎

叶原基形成后，随着生长锥不断生长，会不断有新的叶原基产生。先形成的叶原基就慢慢下移，逐渐远离生长锥。叶原基的细胞进行多次的分裂和初步分化，逐渐形成较大的扁平突起，即幼叶。早期的幼叶实际上就是叶的初生分生组织，从外到内分化为三个部分，即原表皮、原形成层和基本分生组织（图5-4）。其中最外一层细胞为原表皮，

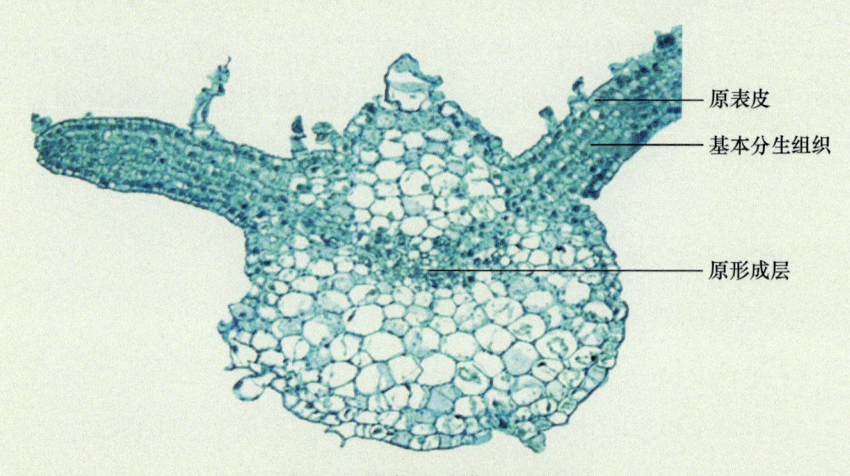

图 5-4 烟草幼叶横切细胞图

细胞排列整齐,并有部分细胞分化出表皮毛。原表皮以后发育分化为表皮;原表皮以内为基本分生组织,细胞较大,细胞壁薄,以后主要发育分化为叶肉细胞;叶原基中央有一个月牙形结构,其中的细胞较小,原生质浓厚,细胞核较大,这一部分结构就是原形成层,以后发育分化为主脉的维管束。

当叶原基在形态上有了主脉和叶片之分时,就称为幼叶。幼叶会进一步进行细胞分裂、生长和分化。其中位于幼叶顶端的细胞为顶端分生组织,它继续保持旺盛的分裂能力,使幼叶迅速伸长。这种生长过程称为叶的顶端生长。顶端生长形成叶片的主轴;位于幼叶两侧的细胞为边缘分生组织。边缘分生组织也在不断地进行分裂、生长和分化,其结果是叶变宽的同时,主脉也向两侧延伸出多条侧脉。这种生长过程称为叶的边缘生长。与此同时,叶片各部分的细胞仍然在进行分裂、生长和分化,进行居间生长。因此,叶片的生长发育是由这三种分生组织共同活动完成的。叶片大小和形态稳定后细胞才停止分裂活动。至此,顶端分生组织、边缘分生组织和居间分生组织也都相继分化为成熟组织,幼叶发育为成熟叶,内部结构除形成层外,其余细胞全部分化为成熟组织,构成了叶的成熟结构。

由于叶的增长主要是长度,其次是宽度,在厚度方面的增长十分有限,因此成熟的叶最后发育为片状的结构。当幼叶长达5mm时,叶片的细胞层数已经同成熟叶片的细胞层数,有的可达6层或更多。以后叶片的增厚主要是细胞生长分化的结果。

5.4 烟草叶的解剖结构

5.4.1 烟草叶片的解剖结构

烟草叶是烟草最重要的营养器官,是烟草实现自养功能最重要的执行者。叶为了充分接受阳光以提高光合效率,需要尽可能地扩大其表面积。但另外，表面积越大，蒸腾作用就越强，水的消耗就越多，而植物又需要保水。为了调和这一矛盾，叶充分发展了适应光合作用和蒸腾作用的形态和结构。烟草叶片的结构总体上可分为表皮、叶肉和叶脉三部分（图5-5）。本书烟草叶的解剖结构主要取材于大田生长的'红花大金元'，以及温室栽培的白肋烟、'巴斯玛'等品种。

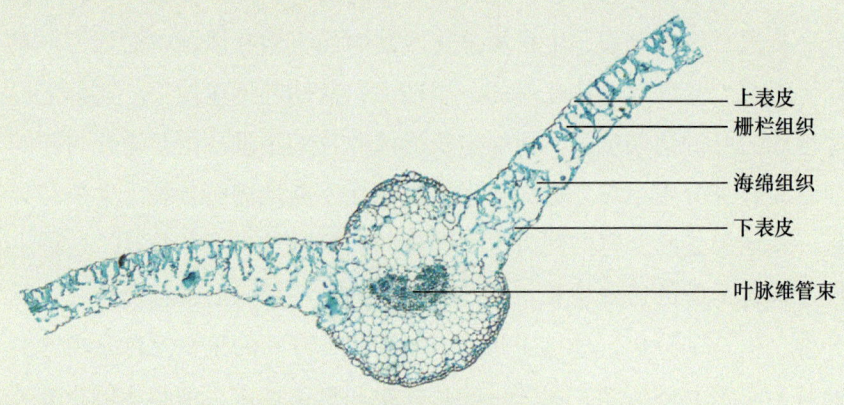

图 5-5　烟草叶横切细胞图

（1）表皮

烟草叶的表皮是烟草叶终生的保护组织，覆盖在叶的表面，由原表皮发育而来。因为烟草叶扁平、有背腹之分，所以表皮也有上表皮（位于腹面）和下表皮（位于背面）的区别（图5-6）。烟草叶的上下表皮都是由一层细胞构成的，外具较薄的角质层。表皮是一种复合组织，由表皮细胞、气孔器、表皮毛等组成。

1）表皮细胞：表皮细胞是表皮的最基本细胞。上表皮细胞往往比下表皮细胞要大一些。从叶的横切面上看，表皮细胞近椭圆形或小长方形。从正面看，表皮细胞形状为不规则形，呈凹凸不平的波状轮廓，与邻近表皮细胞的凸凹部分相互嵌合，因此细胞排列紧密，没有细胞间隙。其中下表皮细胞的凹凸程度尤其明显。表皮细胞内有大液泡，不含叶绿体。叶缘部分的表皮细胞常常膨大并向外突出，有的形成水孔。在比较粗大的叶脉处，其上下表皮的表皮细胞形状不为不规则形状，而是呈近长方体形，其长轴方向与叶脉的走向一致。

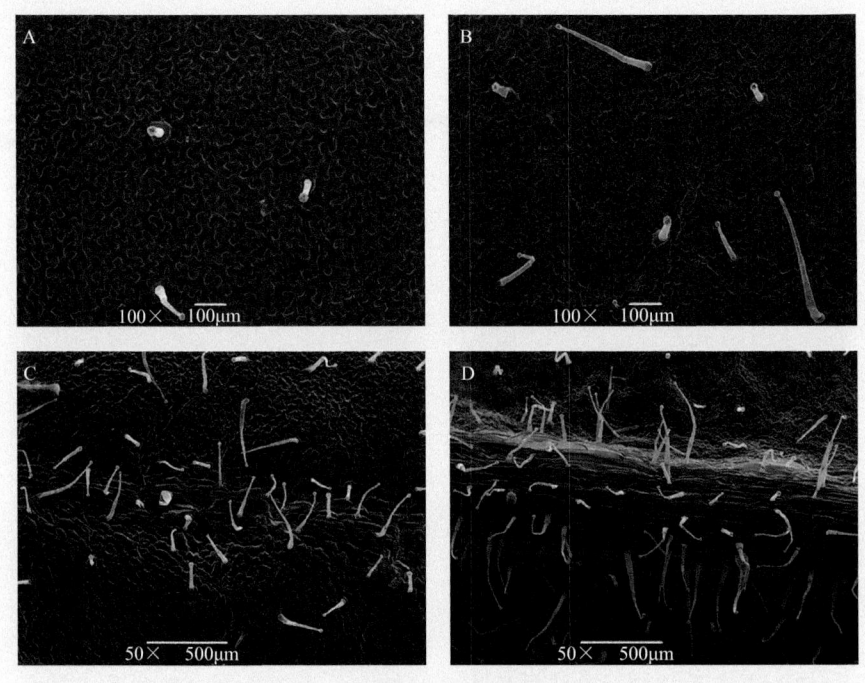

图 5-6 烟草叶上下表皮扫描电镜图
A.上表皮；B.下表皮；C.上表皮主脉处；D.下表皮主脉处

2）气孔器：气孔器（图 5-7）是调节叶水分蒸腾和进行气体交换的重要结构。其由两个特化的保卫细胞围合而成，彼此间可以形成一个开口，这个开口就是气孔。烟草的保卫细胞为肾形，具有丰富的细胞质、明显的细胞核和少量的叶绿体，通常还含有淀粉粒。保卫细胞的细胞壁厚度不均匀，形成气孔缝隙的壁厚一些，其余则较薄。这种结构特征与气孔的开闭调节密切

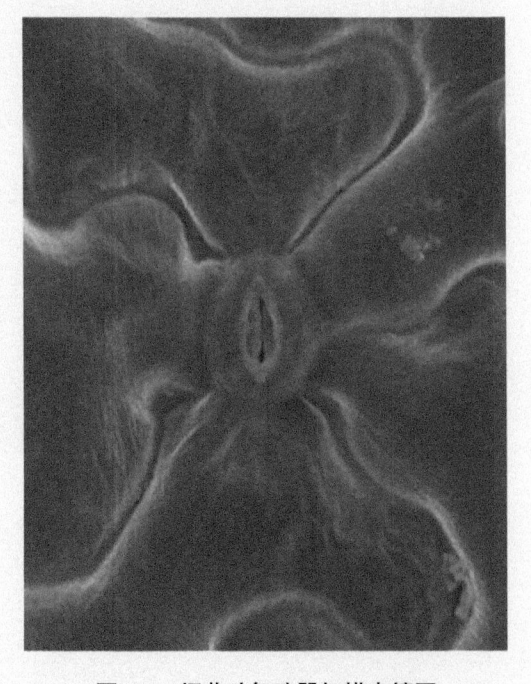

图 5-7 烟草叶气孔器扫描电镜图

相关。

气孔的开闭都是通过保卫细胞的渗透压来调节的。渗透压升高，周围表皮细胞的水分就会通过渗透作用进入保卫细胞，保卫细胞吸水膨胀。由于保卫细胞围成气孔的细胞壁厚，扩张性较小，而其余壁比较薄，扩张性较大，这样就迫使两个相对的保卫细胞弯曲，气孔便开放。渗透压降低，水分就会从保卫细胞中排出，保卫细胞的紧张度降低，内侧壁变直，因而气孔关闭。据报道，日出以后，随着阳光辐射量的增加，气孔的开度逐渐变大。达到高峰时，则会出现闭孔现象（中午时分）。上表皮和下表皮的气孔分布密度差别很大。一般上表皮的气孔器较少，每平方厘米有200个左右；下表皮的气孔器则较多，每平方厘米有300个左右。同一植株上，一般顶叶的气孔器较小且密度较大，同时很容易看到正在分化的气孔器；脚叶的气孔器要大一些，不过密度较顶叶小。

3）表皮毛：一般栽培品种烟草叶的上下表皮上都密生茸毛，下表皮尤甚（图5-8）。表皮毛在表皮上的分布也不均匀，通常叶脉处更多。不同种类和品种的烟草，其表皮毛的密度差异较大，一般普通烟草的表皮毛比黄花烟草更为发达。随着叶龄的增加，一部分表皮毛逐渐脱落。在工艺成熟期，表皮毛大部分已经脱落。

图5-8 '巴斯玛10号'烟草叶表皮毛分布图
A. 正面观；B. 背面观

烟草的表皮毛（图5-9）都是多细胞的，根据其形态和功能，又可分为保护毛和腺毛两类，以腺毛居多。保护毛先端稍尖，单列或有分枝，一般由2~4个或更多的长形细胞组成，末端的一个细胞尖削，保护毛对叶片起保护作用，不具有分泌功能；腺毛是由直立的单细胞或多细胞的柄和多细胞的腺头组成，有的有分枝，形态上与保护毛相似，但腺毛主要起分泌特殊物质的作用，主要分泌芳香油、树脂和蜡质。这与烟草的香气和烟碱有关。腺毛的分泌物对烟草抵御病虫害有一定的作用。

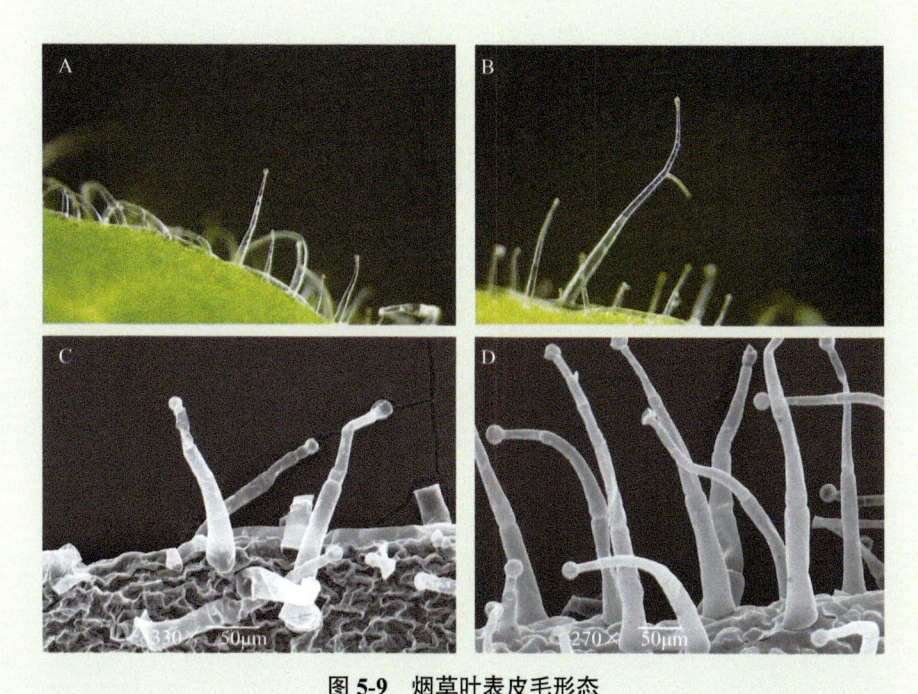

图 5-9　烟草叶表皮毛形态
A 和 B 为体式显微镜图；C 和 D 为扫描电镜图（C 为上表皮毛，D 为下表皮毛）

表皮的这些特点，既能起到防止叶内水分过度散失、控制叶与环境的气体交换、抵制机械损伤、预防病虫害的作用，同时又不影响透光和通气，使叶肉的绿色组织能够正常地进行光合作用。

（2）叶肉

叶肉由基本分生组织发育而来。其是进行光合作用的具体部位。靠近叶上下表皮的叶肉细胞的形状和排列有很大不同。位于上表皮下方的叶肉细胞呈长柱状，细胞的长轴方向相互平行排列，并垂直于上表皮，细胞内含有大量的叶绿体；细胞的胞间隙相对较小，但自由表面积大，有利于光合作用。这些叶肉细胞特称为栅栏组织。烟草叶大多只有一层栅栏组织，但少数品种如'青梗'等则有2~3层栅栏组织。靠近下表皮的叶肉组织称为海绵组织，一般有3~4层细胞，个别品种如'青梗'则有7~8层细胞。海绵组织细胞形状不规则，细胞间隙很大，在细胞侧面往往会发生突出伸向旁边的细胞，因此，海绵组织的细胞之间相互连接，使海绵组织形成一个立体的网状结构。在叶的横切面上则是呈不规则的腔穴状（图5-10）。海绵组织中的叶绿体含量较栅栏组织少，但叶绿体要稍大一些。少数海绵组织细胞中也含有砂晶。侧脉维管束周围的1~2层细胞为薄壁细胞，细胞排列紧密，其内不含叶绿体。幼叶比成熟叶的叶肉细胞密度大一些，脚叶的叶肉细胞较疏松。

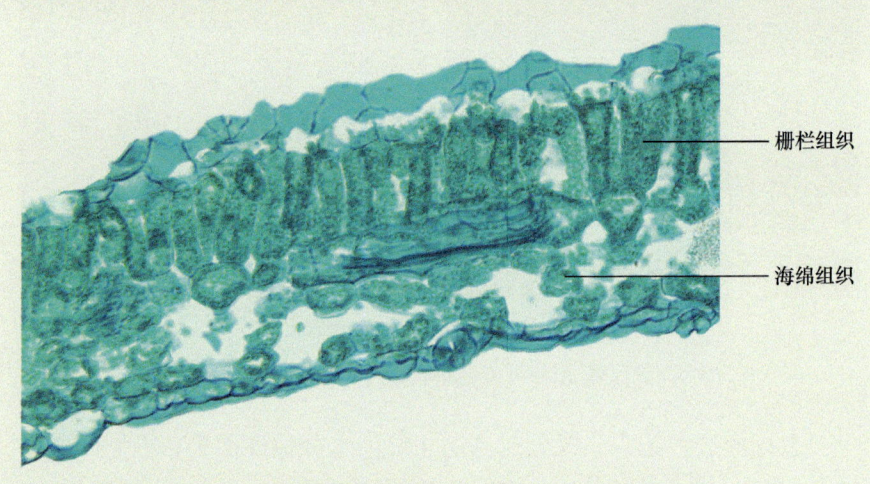

图 5-10　烟草叶横切细胞图（示栅栏组织和海绵组织）

（3）叶脉

叶脉由原形成层发育而来。其是分布在叶内维管束的总称，是叶运输水分和无机盐及同化物质的通道，同时叶脉对叶片还起着很重要的机械支持作用。烟草的叶脉为羽状网状脉（图5-11）。叶片内与叶柄或叶基中的维管组织直接相连的维管束为主脉。烟草叶的主脉粗大。由主脉向两侧发出的各级分枝称为侧脉。一级侧脉再继续分枝，最后的一级侧脉称为细脉。因此，烟草的叶脉彼此连接成网。

烟草叶脉处的表皮细胞与叶肉处的表皮细胞明显不同，为长砖形结构，且细胞长轴方向与叶脉走向一致。紧邻表皮之内是几层厚角组织，厚角组织之内围绕主脉维管束的是大量薄壁组织，其内一般不含叶绿体。叶脉内一般由一个维管束组成。维管束整体呈弧形，凹面朝向近轴面。同烟草茎一样，叶脉维管束也是由内韧皮部（近轴面）、木质部、形成层和外韧皮部（远轴面）组成（图5-12）。其各部分细胞种类与烟草茎和叶柄维管束的细胞种类也相同。随着叶脉分枝一级级变细，其结构也越来越简单。首先是机械组织和薄壁组织逐渐减少，以至完全消失；其次是木质部和韧皮部的组成分子逐渐减少，直至内韧皮部和形成层相继消失。到了细脉末梢，木质部中仅有几个螺纹管胞，韧皮部中则只有几个短狭的筛管分子和增大的伴胞。

图 5-11　烟草叶羽状网状脉

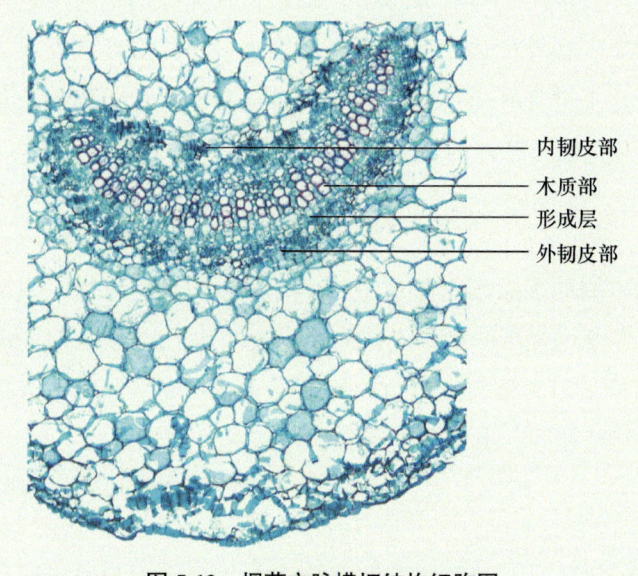

图 5-12　烟草主脉横切结构细胞图

5.4.2 烟草叶柄的解剖结构

烟草叶柄的结构与茎的初生结构和主脉的结构很相似，也可以分为表皮、皮层和维管柱（维管束）三个部分（图5-13）。

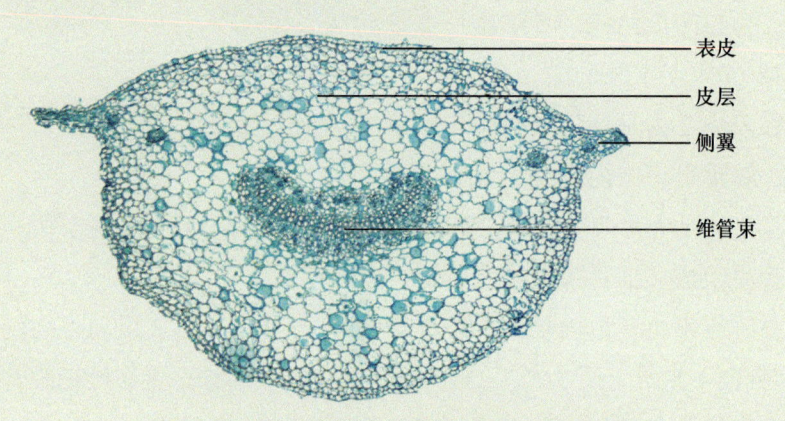

图 5-13　具侧翼的烟草叶叶柄横切结构细胞图

（1）表皮

表皮包被在叶柄的外表面，只有一层细胞，排列紧密。在表皮外壁上具透明的角质层。叶柄的表皮也分化为表皮细胞、气孔器和表皮毛等结构。表皮细胞呈长方体形，细胞长轴与叶柄轴向一致，细胞内不含叶绿体。在叶柄横切面上，表皮细胞呈小长方形或近正方形。气孔器与叶片上的气孔器结构一样，不过分布较叶片上稀疏。叶柄的表皮毛形态和构造与叶片的表皮毛相似。

（2）皮层

表皮内侧的多层细胞是皮层，由厚角组织和薄壁组织组成。厚角组织的存在既增强了叶柄的支持作用，又增加了叶柄的弹性和延展性，使叶柄不至于因为重力或风力作用而下垂或折断。叶柄薄壁组织的结构和特点与茎相同。有的薄壁细胞中含有砂晶。

（3）维管柱（维管束）

叶柄的维管柱只含有一个维管束，其形状、细胞组成及功能与主脉相同。

5.5 烟草叶的衰老

烟草的叶都具有一定的寿命，在其生命终结之前，叶会衰老。烟草的叶从叶原基的发生，经过幼叶阶段，到功能成熟的叶（功能叶），再到功能衰老的叶（老龄叶），叶的整个发育过程经历了发生、生长和衰亡的各个阶段。在叶原基阶段，其营养靠其他功能叶提供。到了幼叶阶段，幼叶虽然可以进行光合作用，但因生长速度快，光合效率低，其营养物质还需部分地由其他叶片提供。当幼叶发育为功能叶时，其光合作用得到充分发挥，生理代谢活动也最旺盛，所生产的有机物不仅能满足自身需要，还能为其他幼嫩的叶片或花提供有机物。随着生长季节的结束，烟草叶开始进入衰老阶段。

叶的衰老是植物生长发育的自然现象。大多数双子叶植物的叶衰老后会在叶柄基部产生离层，从枝上脱落下来。但烟草叶衰老后不脱落，而是直接留在植株上。随着烟草叶的衰老，叶色逐渐变黄，叶片逐渐变短、变窄，厚度变薄；解剖结构可以清晰地看到栅栏组织和海绵组织从最初的整齐排列到逐渐排列紊乱，组织细胞间轮廓变得很不明显，细胞间隙也明显增大。

5.6 烟草叶的生长特性与农业生产

烟草的目的收获物是叶片，因此叶片具有重要的经济价值。在农业生产上，经常利用烟草叶或其他方面的生长特性，以达到增加烟叶产量和提高烟叶品质的目的。

（1）烟草的叶位与农业生产

叶在不同的发育时期，其光合作用效率、生物产量和品质有很大变化。一般自幼叶长出后，其随着叶片的伸展而逐渐提高，当达到最大值时，又随着叶片的衰老而降低。

叶的生物产量和品质不仅与叶龄有关，还与叶在枝条上的着生部位有关。叶在枝条上着生的顺序叫叶位。它会直接影响叶的功能状态。在同一烟草植株上，不同叶位的叶，其发育时期是不同的。在同一枝条上，越靠近顶端的叶越幼嫩，越在枝条下部的叶，其叶龄越大。另外，不同叶位叶的厚度和面积的变化也很大。一般是中部叶片叶面积大，下部和上部叶片叶面积较小。最底部叶片最宽，最顶部叶片最窄。烤烟和晒烟的中部和下部叶片薄，上部叶片厚，白肋烟则是中部和下部叶片厚而上部叶片薄。因此，不同部位叶片的产量、品质差异很大。同一枝条上的叶片，其生物产量的顺序是：中上部的叶片＞上部的叶＞中下部的叶片＞下部的叶片。因此，采收烟叶应分期分批进行，且每次采烟要求做到同一品种、同一部位、同一成熟度。这样可促使烟叶内含物质的分解转化速度及变黄、干燥速度一致，保证烟叶的烘烤质量。

（2）烟草的打顶抹芽与农业生产

烟草生长到一定时期，开始从营养生长转向生殖生长，即烟草植株顶芽和上部的少数腋芽由营养芽转变为花芽。此时，植物的生长中心位于花芽中，需要消耗大量的营养物质和能量，而花芽自身合成的有机物远远不能满足其需要，其有机物主要由叶供应。因此，如果任烟草植株开花结实势必会导致烟草植株上部叶片小而轻，中下部叶片变薄、重量减轻，底部叶片变黄枯死，从而严重影响烟叶的产量和质量。因此，为了减少叶片有机养料的消耗，就要对烟草植株进行适时打顶，使营养物质集中供应叶片，无论是对上部叶片还是中下部叶片，都有明显的增产增质作用。

打顶的时期与留叶多少，和烟叶的大小、厚度、重量及化学成分都有密切关系，对产量和品质的影响较大。因此，打顶要适时，留叶数目要适宜。打顶过早或留叶过少，会延长叶片的成熟时间，并使上部叶片大而肥厚，不仅上部叶片品质不好，中下部叶片也会因顶叶遮蔽而降低品质。打顶太晚，则叶片的营养物质就会流失，因而效果就差。因此要打顶适时，留叶适当。

烟草植株打顶时期与留叶数目的确定，要根据其长相、土壤肥力、施肥水平、品种特性、气候等状况灵活掌握。一般见蕾打顶，单株留叶数以20～30片为宜，多叶型品种单株留叶可达40片。打顶时注意不要损伤幼小叶片。一般情况下，烟草植株的每个叶腋处潜育着3或4个腋芽，其中为一个主芽和2或3个副芽。这些腋芽在烟草植株打顶前，受烟草植株顶端优势的影响而处于休眠状态。打顶后，烟草植株的顶端优势被解除，这些休眠芽就会从上而下陆续活动萌发成侧枝，从而消耗叶片的大量养分。所以，烟草打顶后应及时抹除侧芽。

（3）主脉和叶片的比例与农业生产

主脉在烟叶中所占的比例，影响到产品的经济价值。主脉占的比例越大，烟叶的使用价值就越差。主脉与叶片比例的大小除与烟草种类或品种有关外，栽培条件对其也有较大的影响。

（4）叶片厚度与农业生产

叶片厚薄是烟叶品质要素中很重要的一个性质。除不同品种、不同部位叶片的厚度不同外，叶片的厚度还与栽培方法有很大的关系。在打顶较早的情况下，叶片厚度增加。一般都是顶部叶片较厚，下部叶片较薄。

（5）单叶重与农业生产

单位叶面积的叶重叫单叶重，单叶重也是烟叶品质要素的重要指标。烤后烟叶平均单叶重6g以上的烤烟，外观品质较好，5g以下的烤烟，品质较差。顶叶的单叶最重，腰叶居中，脚叶最轻。

(6) 叶面的腺毛及胶质与农业生产

田间烟叶接近成熟时，其表面有一层黏性胶质，主要成分是腺毛分泌的挥发油和树脂。这种分泌物在调制和发酵过程中逐渐变化并丧失其黏性。胶质含量的累积可因土质黏重、水分供给减少和烟叶的成熟而增多。胶质含量较多的烟叶，香气、品质一般都较好。烟叶表面的腺毛密度与品种有关，腺毛密度的大小往往体现着品种的品质优劣。

本章主要参考文献

刘国顺. 2003. 烟草栽培学. 北京：中国农业出版社.

强胜. 2017. 植物学. 2版. 北京：高等教育出版社.

中国农业科学院烟草研究所. 2005. 中国烟草栽培学. 上海：上海科学技术出版社.

周云龙. 2011. 植物生物学. 3版. 北京：高等教育出版社.

6

烟草的生殖器官
——花、果实和种子

烟草的营养器官生长到一定程度，生理上达到成熟，茎顶端及叶腋处的芽将转变为花序和花，标志着烟草进入了生殖生长阶段。烟草的花与其他的双子叶植物一样，由叶分别演变为花萼、花冠、雄蕊和雌蕊，茎演变为花柄和花托。烟草的雌、雄性生殖细胞（卵和精子）分别经减数分裂在花的雌、雄蕊中发育形成，经双受精作用后，雌蕊的子房发育为果实，其内的胚珠进一步产生种子，因此烟草的花、果实和种子是其生殖器官，用以繁衍后代、延续种族。

6.1 烟草的花序与花

6.1.1 生殖转变

烟草的营养生长和生殖生长是其生长周期中的两个不同阶段，但二者之间的关系又是极为密切的。当烟草进入生殖生长后仍然同时有一定的营养生长,已有的资料显示,当烟草主茎上展开的叶数达到叶片总数的一半左右时,主茎生长点进入生殖生长状态,并且不同品种及同一品种生长在不同地区,其生殖转变时叶片的数量是不同的。因此,烟草的生殖转变(开花期)与品种的遗传基础及种植地的环境条件密切相关。营养生长是生殖生长的基础,生殖器官所需的养分绝大部分是由营养器官通过同化合成而提供的。只有在根、茎、叶生长良好的基础上,烟草才能顺利地完成花芽分化、开花、传粉、受精和形成果实和种子。然而,对于烟草生产来讲,植株的生殖并不是必需的,相反,需要尽可能延迟其生殖转变期,以利于植株产生的养分更多地用于新叶的形成和生长发育。在植物生物学研究领域,人们发现光照、温度、激素、肥水管理等多种因素均能影响开花时间。在烟草中的一些研究也证明,短日照处理可使烟草植株提早现蕾,活动积温高则可以延迟烟草植株发育、推迟现蕾,而苗期的低温处理则不利于植株生长,并在植株形成较少叶片时就进入生殖生长状态。

6.1.2 花芽分化

烟草的花和花序均由花芽发育而来。当烟草植株进入开花诱导时期,叶片中合成一种称作 FT 的蛋白质,即"成花素"(florigen),它通过叶和茎中的维管束运输到植物的茎尖,并与茎尖的 FD 蛋白质相结合,起到控制花芽生成、发育的"开关"作用,使一些芽的分化发生质的变化,茎上一定部位的顶端分生组织(生长锥)不再产生叶原基,而分化出花的各部分原基或花序各部分原基,最后发育形成花或花序,这一过程称为花芽分化(flower bud differentiation)。烟草在花芽分化期,整个植株的形态仍然与营养生长阶段相同,直到全部叶片伸展以后,主茎顶端的花端才发育成为花蕾,即达到现蕾期,此时生殖生长阶段的特征就明显可见了。

烟草花芽分化起始阶段最明显的特点是茎生长点分化的转变。营养生长时期叶芽的顶端生长点不断分化形成新的叶原基,使叶片和茎节的数目不断增加，茎的节间逐渐伸长，主茎也逐渐延长。而花芽的顶端生长点则停止分化成叶原基，转而分化出花序或花原基。在形态学上，花芽的顶端生长锥发生明显改变，由营养生长阶段的平面体逐渐变成略平的圆锥体，首先是生长锥伸长，然后基部加宽，最后呈圆锥形。以后，随着花部原基（萼片原基、花瓣原基、雄蕊原基和雌蕊原基）或花序各部分的依次发生，生长锥的面积又逐渐减小，当花中心的心皮和胚珠形成之后，顶端分生组织则完全消失。从生长锥的组织结构来看，花芽分化时，由于分裂活动的增强，特别是中央区细胞分裂频率升高，模糊了中央区和周围分化组织区的界线，形成了细胞较小、染色较浓的一个分生组织套区，套区的形成是生殖生长开始的标志。与此同时，顶端中央的髓分生组织区的细胞分裂速率却明显下降，细胞体积相应增大，出现大的液泡，逐渐分化成髓部细胞，此部分细胞染色相对较浅。从细胞生物学上看，在向生殖生长的转化过程中，顶端生长锥细胞中的高尔基体、线粒体的数量增加，琥珀酸氢化酶活性加强，表明呼吸强度增大。同时，可溶性糖含量也有增多，特别是氨基酸和蛋白质含量增加，核糖体数量增加，核酸的合成速率加快，从而提高了细胞分裂的频率，花部原基依次形成。

烟草进入花芽分化期后，分枝方式也发生了转变。在营养生长阶段，茎是单轴分枝方式，当植株进入生殖生长阶段时，主茎则呈现合轴分枝方式，茎顶端生长点分化为花，顶花下方的腋芽及副芽也可以发育形成花枝。

6.1.3 花序类型

烟草与其他茄科植物一样，形成有限花序。烟草的有限类聚伞花序因种和品种不同，又分为单歧聚伞花序、二歧聚伞花序和三歧聚伞花序。野生种心叶烟的花序是比较典型的单歧聚伞花序，顶花形成第一朵花之后，由下方一侧的侧芽分化出第二个花枝，之后这个花枝的顶端又分化为一朵花，花下方的一侧再形成另一个花枝……如此往复，就形成了心叶烟的镰状单歧聚伞花序。普通烟和黄花烟的花序则比较复杂。在营养生长阶段，由于烟草植株具有明显的顶端优势，腋芽和副芽处于休眠状态，当进入生殖生长后，由于顶芽发育形成了第一朵花，解除了顶端优势，腋芽和副芽萌动后形成花枝。有学者观察过它们的开花顺序：主茎顶端先形成第一朵花，在第一朵花的附近由腋芽和副芽发育出2或3个花枝，腋芽形成的花枝发育分化较快，其顶端形成第二朵花，副芽发育较慢，其顶端开出的是第三朵花。3个花枝与第一朵花分布在一个平面上，呈三角形排列。以后每个花枝又按照上述规律，即顶芽形成花，腋芽和副芽形成2或3个花枝，花枝顶芽又分化为花，如此循环往复，最后形成一个近似于圆锥形的花丛（图6-1）。

图6-1　烟草花序与花（白肋烟）

6.1.4　花原基分化

关于烟草花原基分化的过程，一些学者已做了较详细的观察和报道，此处引用刘丽等（2003）发表的文章。她们借助扫描电镜观察了烟草茎端从营养生长到雌、雄蕊原基形成的形态建成过程，发现花器官各组成由外向内逐层发生（图6-2）。在营养生长期，生长点稍稍下凹。生长点顶面观呈不等边的三角形。经一定的光、温诱导后，烟草营养茎端向生殖茎端转化。茎端生长点由三角形扩大并突起成半球形，进入花芽分化阶段。

随着主茎顶端花原基半球形生殖茎端的横向拉长，其一侧出现小舌状物突起，即第一个花萼原基，继而在半球体的四周出现一圈突起的环，这就是萼筒原基，并与第一个萼片相接，环上再现4个微微突

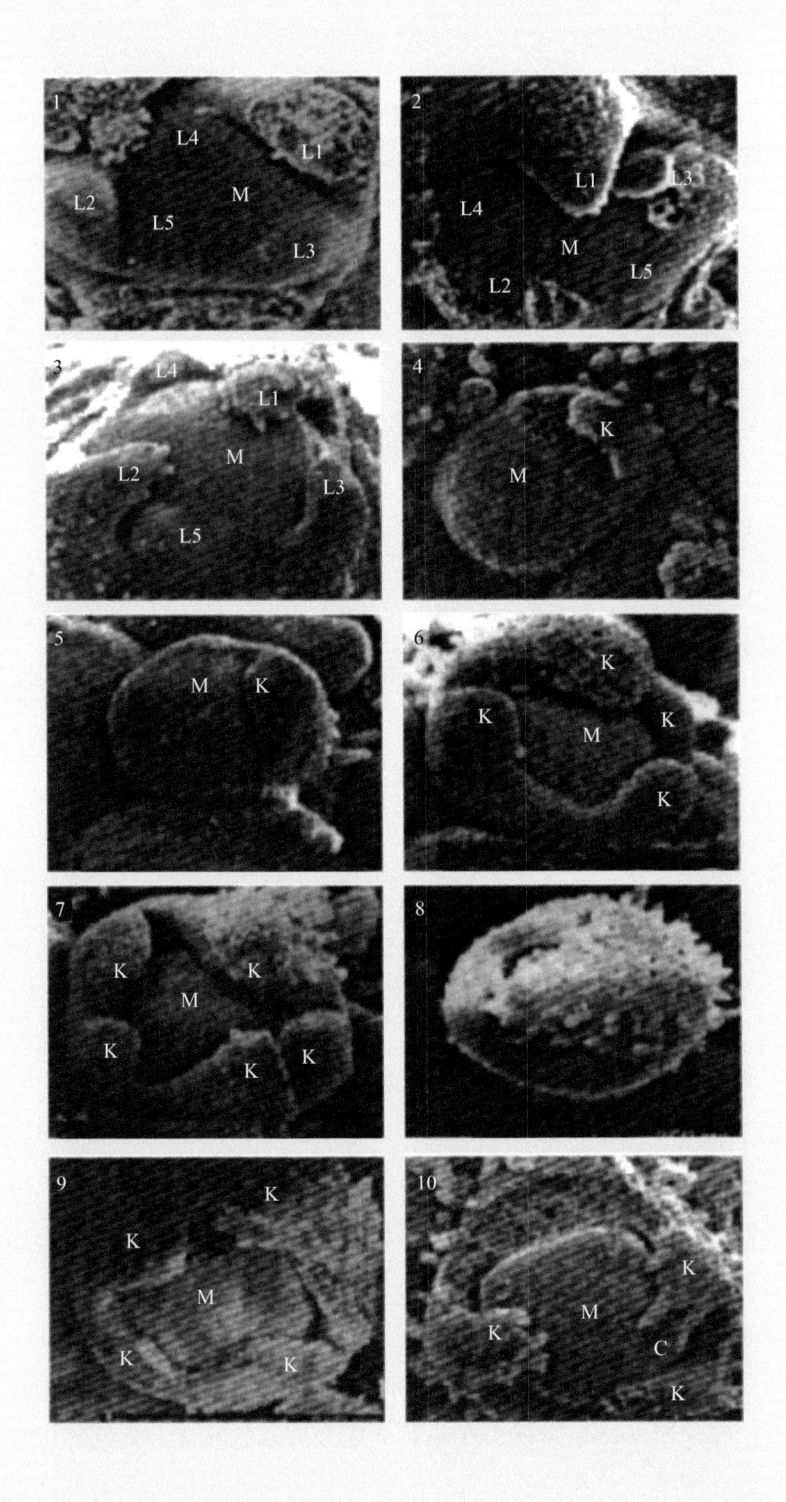

6 烟草的生殖器官——花、果实和种子 | 85

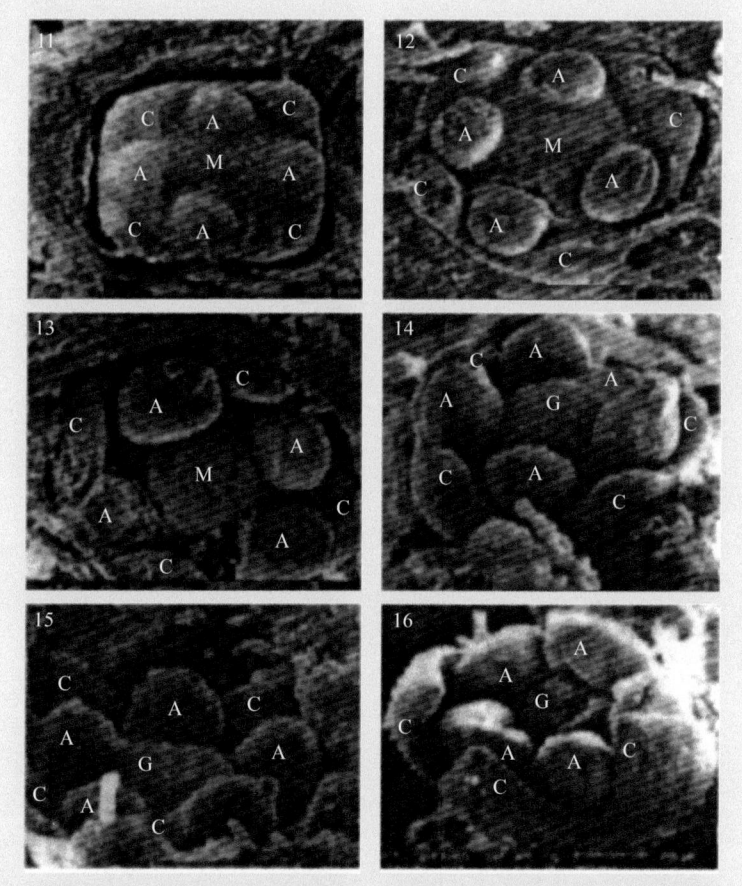

图 6-2 烟草('K36'品种)花原基形成过程的扫描电镜图(引自刘丽等,2003)

1.营养生长期的茎端生长点;2.茎端生长点微微突起;3.茎端生长点呈半球形;4.第一花萼原基突起;5.出现萼筒原基;6.花萼原基伸长;7.第一花萼原基伸长至生长点中心;8.花萼合拢;9.花瓣和雄蕊原基即将出现前的生长点平台;10.花瓣和雄蕊原基开始突起;11.花瓣原基和雄蕊原基突起;12.第五个花瓣原基出现;13.雌蕊原基形成;14.雌蕊原基突起;15.雌蕊原基凹陷;16.心皮原基向上生长;M.生长点;L1~L5.叶原基的残存部分及叶原基;K.花萼原基;C.花瓣原基;A.雄蕊原基;G.雌蕊原基

起,至此花萼原基已全部出现;随着花萼原基的生长逐渐将生长点中心包裹,萼筒愈加明显。当第一萼片伸达生长点中心时,萼片上已明显出现萼毛,生殖茎顶端不再伸长,而是逐渐趋平。第一萼片达到对侧萼环上方时,萼片合拢。

当5个花萼原基出现后,其中两片大萼片将近对接时,花中心生长点已经趋平,这是即将出现花瓣和雄蕊原基的前兆。当两片大花萼原基相互搭接几乎将花的内部覆盖,而其余三片小花萼原基伸达花中心 1/5~1/4 位置时，剥去两片大萼片后，在花的中心可见一个近似四边形的平台，其三个角各有明显的微微突起，这就是三个花瓣原基，在下方暗处一角其边缘微有波浪，显示该处将有两个器官出现，这就是尚未明显看出的两个花瓣原基的位置。当 5 个萼片合拢，最大萼片伸达对侧萼片基部时，剥去最大的萼片可见其余 4 个萼片有的已搭接，有的尚未搭接，再将所有萼片剥去，则明显可见花瓣原基 5 枚和雄蕊原基 4 枝互生长大的连续过程。当两枚较明显的花瓣原基紧紧相靠时，5 枚花瓣原基已出齐。

在两枚花瓣原基的内侧应当有一个与它们互生的雄蕊原基已开始微微突起。花中心的圆形突起即雌蕊原基的初始阶段。当花萼筒已明显伸长，几乎达到花瓣原基的尖部时，雌蕊原基已由半球形迅速增大，并充满雄蕊原基内侧的空间。此时花瓣的舌状部分伸长，增宽的舌形渐薄。雄蕊原基伸长、增大，俯视呈椭圆形，但原基内侧面趋平。此时花瓣原基与雄蕊原基等高。

此后花冠筒也明显伸长，包及雄蕊原基的腰部，花瓣开始向花中心包裹。雄蕊原基内侧趋平的一面开始向内凹陷，形成纵向小沟，此即日后药室分隔和花丝着生之处。雌蕊原基生长相对较慢，被雄蕊原基围裹于中央，随着两个心皮原基的分化出现，它的顶端出现凹陷。继而幼蕾各器官继续增大，萼片和花瓣均伸长、增宽。雄蕊药室明显分隔，药室两侧也出现纵向凹沟，此时其内部已出现药隔，花药的横切面呈蝶形。雌蕊顶部仍有凹陷，但其上已出现裂线，将"井栏"一分为二，此线即日后将柱头一分为二的中央线。此时花瓣高于雄蕊，雄蕊则高于雌蕊。

作者通过石蜡切片方法观察了烟草花原基形成的过程，参考已发表的研究文章，对烟草花原基的分化过程描述如下。

烟草进入花芽分化时，生长锥高高隆起呈短柱状，顶端逐渐变宽，并从生长锥的周围依次产生 5 个萼片原基和 5 个与之互生的花瓣原基；在花瓣原基的内侧陆续分化出 5 个雄蕊原基；在此发育过程中，由萼片、花瓣基部和雄蕊贴生而形成的花筒向上升高，最后生长锥中央渐渐隆起,形成一个较大的雌蕊心皮原基。雄蕊的发育比雌蕊的发育快,雌蕊内部的分化稍慢,待心皮完全卷合后,才出现柱头、花柱和子房的分化(图6-3)。

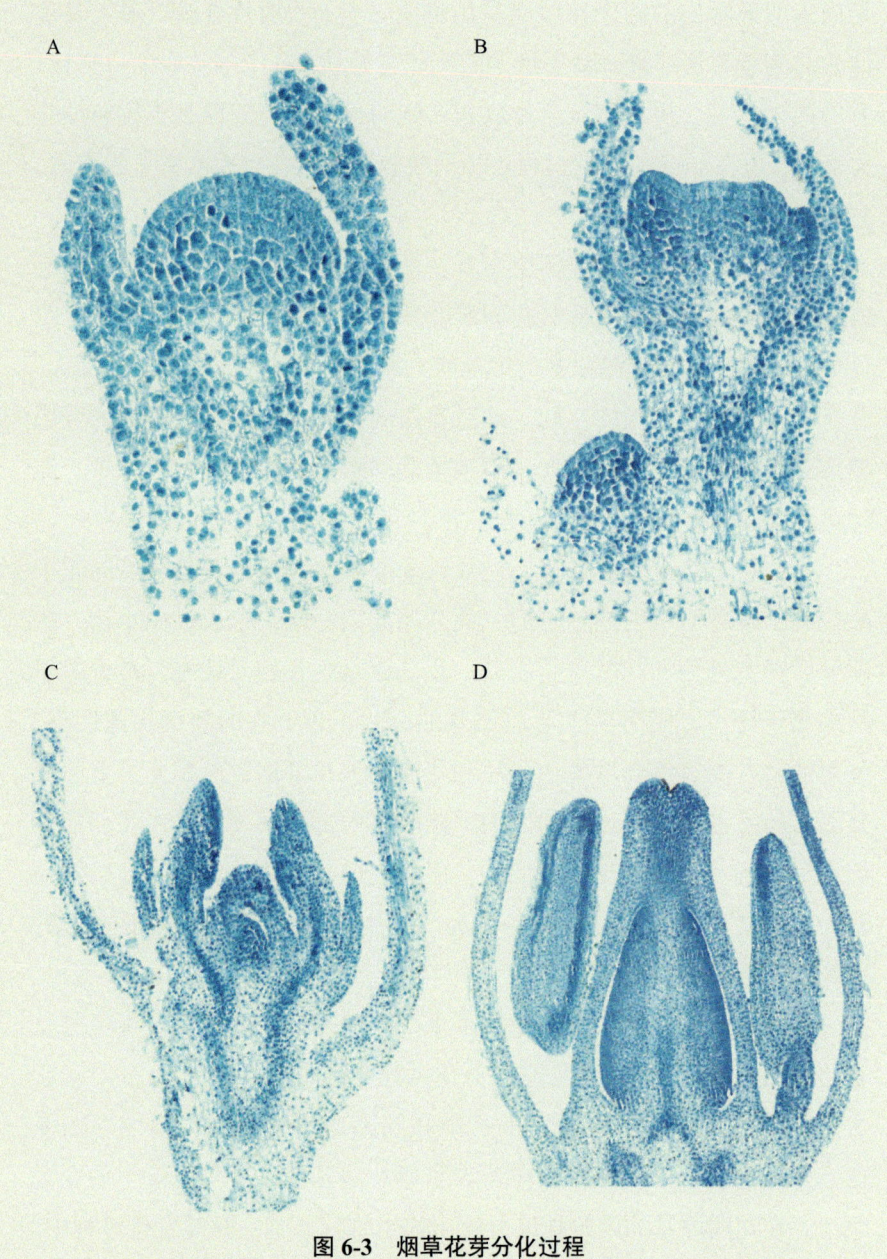

图 6-3　烟草花芽分化过程
A. 花萼原基形成期;B. 花瓣原基形成期;C. 雄蕊形成期;D. 雌蕊形成期

图 6-4 是烟草花芽（花蕾）的横切结构图，从图 6-4 上可以看到当花芽分化完成后，由外至内，依次是花萼筒、花冠筒、5 枚雄蕊（花药横切）、2 心皮构成的雌蕊（子房横切）。

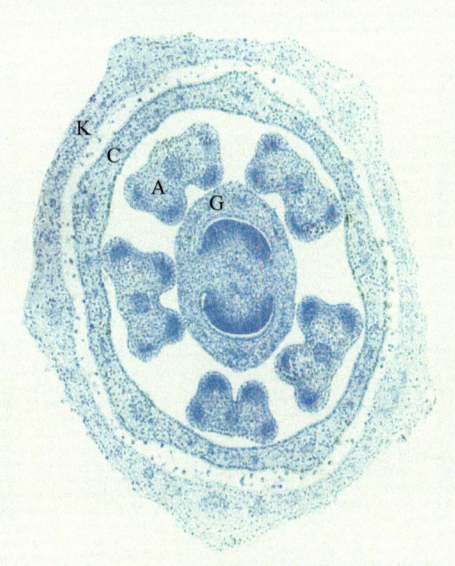

图 6-4　烟草花芽横切图
K. 花萼；C. 花瓣；A. 雄蕊；G. 心皮（雌蕊）

6.1.5　花的组成与基本形态

烟草的花与其他茄科植物一样，属于两性完全花，具有花柄、花托、花萼、花冠、雄蕊和雌蕊 6 个部分。其中花萼、花冠、雄蕊和雌蕊由外至内依次着生在花柄顶端的花托上（图 6-5）。

（1）花柄与花托

花柄（花梗）（pedicel）是着生花的长轴状结构，将花朵展布于一定的空间位

图 6-5　烟草花的组成与形态（'巴斯玛 1 号'）

置。花柄的结构与茎相同，表皮内有维管系统，成束环生或筒状分布于基本组织之中，并与茎相连，因此花柄又是茎向花输送养料、水分的通道。当果实形成时，花柄发育为果柄。花托（receptacle）位于花柄顶端，稍微膨大。

（2）花萼与花冠

烟草的花萼（calyx）位于花的最外轮，由5个萼片（sepal）组成（图6-5）。因萼片彼此连合，其花萼属于合萼（gamosepalous）类型，萼片下端的连合部分为萼筒（calyx tube），上端的分离部分为萼裂片（calyx lobe）。花萼在花期为绿色，在果期为黄褐色，可保留到果实成熟，称为宿萼（persistent calyx）。萼片的结构与叶片相似，但栅栏组织和海绵组织的分化不明显，烟草花萼的上下表皮都生有浓密的表皮毛，这一点与叶片十分相似。

烟草的花冠（corolla）位于花萼内侧与之互生，由5个花瓣（petal）联合成管状，属于合瓣花。开花时花冠先端展开成喇叭状（图6-5）。花瓣在未开花时是黄绿色，随着花的生长，普通烟草的花瓣先端的颜色逐渐变成粉红色，盛开时则转变为深粉红色。普通烟草的管状花冠较大，细而长。黄花烟草的管状花冠较小，粗而短，花瓣颜色为黄色。花瓣的结构与叶片相似，但也没有栅栏组织和海绵组织的分化，而且与萼片不同的是，其上表皮没有表皮毛的分化，下表皮则生有浓密的表皮毛。

（3）雄蕊与雌蕊

烟草的一朵花中有5枚雄蕊与花瓣相间而生，雄蕊由花药和花丝两部分组成。花药（anther）位于花丝顶端，短而粗，膨大成肾形。花药由4个花粉囊组成，囊内产生大量的花粉粒，是雄蕊最主要的部分。花丝（filament）细长，支持花药伸展至花被外，使之伸展于一定的空间，以利于散发花粉，基部着生在花托或贴生在花冠上。

烟草的雌蕊由2个心皮组成，属于复雌蕊，形似一个长颈的细口瓶，具有柱头、花柱和子房三个部分（图6-6）。柱头位于雌蕊的最顶端，是识别和接受花粉的地方，略有膨大，并且在中央线上以一沟分成两瓣。柱头表面生有一层表皮毛，授粉后能分泌黏液，因此烟草的柱头属于湿型柱头。连接柱头和子房的颈状结构叫花柱。烟草的花柱中充满了细胞，为实心花柱。其纵切面的最外层为表皮，中央部分为比较疏松的薄壁细胞组成的传递组织，在表皮和传递组织之间的是皮层，其中分布有维管束。雌蕊的底部为膨大成圆锥体的子房，子房基部分布有一圈蜜腺。子房上位，中轴胎座，2心皮2室，每室有众多的胚珠。

6.2 烟草雄蕊的发育和结构

图 6-6　烟草的雌蕊
（'Petit Havana SR1'）

烟草的雄蕊由花芽中的雄蕊原基经细胞分裂、分化而来，其顶端膨大成为花药，基部伸长形成花丝。

本书关于烟草雄蕊的发育与结构的图片取材主要来自烟草栽培品种'TN86'白肋烟和'巴斯玛1号'香料烟。

6.2.1　花丝和花药的发育

花丝的结构比较简单，最外一层为表皮，内为薄壁组织，中央有一维管束贯穿，直达花药之中。开花时，花丝以居间生长的方式迅速伸长，将花药送出花外，以利于花粉散播。

花药是雄蕊的主要部分，花粉囊是花药最重要的结构，它是产生花粉粒的部位。烟草的花粉囊在花药发育早期只有2室，随着花药的发育，同侧的药室被隔成前后2个花粉囊，并且在2个花粉囊连接处的内方出现许多砂晶细胞，此时花药的横切面上可以清楚地显现出 4 个花粉囊，中间由药隔相连，来自花丝的维管束进入药隔之中。花粉成熟时同侧的前后 2 个花粉囊之间的分隔退化消失，2 个花粉囊变为 1 室，砂晶细胞也消失，最后花药开裂，花粉由花粉囊内散出而传粉。

刚由雄蕊原基顶端发育来的幼期花药，最外层为原表皮，以后发育成花药的表皮。里面主要为基本分生组织，将来参与药隔和花粉囊的形成。在幼期花药的近中央处逐渐分化出原形成层，它是药隔维管束的前身。在花药逐步长大过程中，花药的 4 个对称方位处的细胞分裂较快，使花药的横切面由近圆形逐渐变成四棱形。随之，在 4 个棱角处的表皮细胞内侧分化出一列或几列孢原细胞（archesporial cell），其细胞体积和细胞核均较大，细胞质也较浓，孢原细胞通过一次平周分裂，形成内外两层细胞，外层为周缘细胞（parietal cell），内层为造孢细胞（sporogenous cell），周缘细胞再进行平周和垂周分裂，产生呈同心排列的数层细胞，自外向内依次为药室内壁（endothecium）、中层（middle layer）和绒毡层（tapetum），它们与花药表皮共同形成了花粉囊壁，将造孢细胞及其衍生的细胞包围起来。

在花粉囊壁分化、形成的同时，造孢细胞也进行分裂或直接发育为花粉母细胞，以后再由花粉母细胞经减数分裂而形成许多花粉粒（图 6-7）。花药壁的结构和功能如下（图 6-8）。

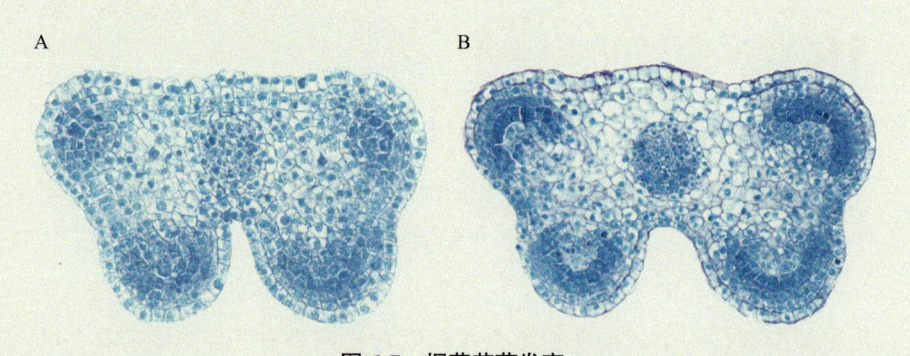

图 6-7 烟草花药发育

A. 孢原与造孢细胞期；B. 次生造孢与小孢子母细胞期

1）表皮：是由原表皮发育而成，有气孔分布，表皮外表具角质膜，有些植物还具有毛状体。

2）药室内壁：位于表皮下方，通常为单层细胞。幼期药室内壁的细胞中含大量多糖。后期药室内壁细胞的细胞壁在纵向上发生木栓带状的纤维层加厚，但在同侧两个花粉囊交接处的花药壁细胞保持薄壁状态，称为唇细胞，花药成熟时，由唇细胞向内作缝状裂开，花粉囊随之相通，花粉沿裂缝散出。

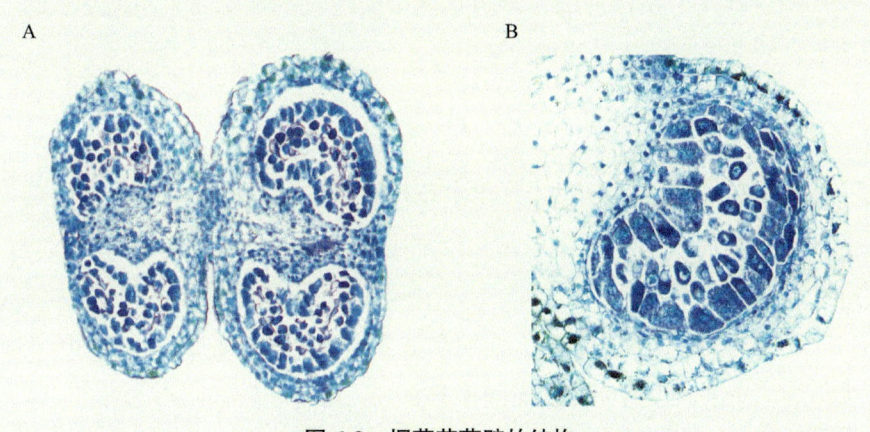

图 6-8　烟草花药壁的结构
A. 花粉母细胞期的花药横切；B. 花粉囊的结构

3）中层：位于药室内壁的内方，通常由1～3层细胞组成。当花粉囊内造孢细胞向花粉母细胞发育而进入减数分裂时，中层细胞内的贮藏物质渐被消耗而减少，同时由于受到花粉囊内部细胞增殖和长大所产生的挤压，中层细胞变为扁平，较早地解体而被吸收。

4）绒毡层：是花药壁的最内层细胞，它与花粉囊内的造孢细胞直接毗连。绒毡层细胞及其细胞核均较大，细胞质浓，细胞器丰富。初期细胞中含单核，后来则常形成多核或多倍体核结构，表明绒毡层细胞具有高度的代谢活性。绒毡层细胞含有较多的 RNA、蛋白质和酶，并有油脂、类胡萝卜素和孢粉素等物质，可为花粉粒的发育提供营养物质和结构物质。它们合成和分泌的胼胝质酶能适时地分解花粉母细胞和四分体的胼胝质壁，使幼期单核花粉粒互相分离而保证正常的发育；合成的蛋白质运转到花粉壁，构成花粉外壁蛋白质，在花粉与雌蕊的相互作用中起识别作用。随着花粉粒的形成和发育，绒毡层细胞逐渐退化解体。由于绒毡层对花粉的发育具有多种重要作用，因此如果绒毡层细胞的发育和活动不正常，常会导致花粉败育，出现雄性不育现象。

6.2.2 花粉和雄配子体的发育

烟草雄性生殖构造的发育包括两个阶段：一是花粉（小孢子）的产生；二是雄配子体的形成。

（1）花粉的发生

在周缘细胞进行分裂、分化出花粉囊壁的同时，花粉囊内部的造孢细胞也相应分裂形成许多花粉母细胞（小孢子母细胞）（microspore mother cell）（图6-8）。

花粉母细胞的体积较大，初期常呈多边形，稍后渐近圆形，细胞核大，细胞质浓，没有明显的液泡（图6-8）。花粉母细胞彼此之间及与绒毡层细胞之间有胞间连丝存在，保持着结构和生理上的密切联系。在花粉囊壁的中层和绒毡层逐渐解体消失的过程中，花粉母细胞发育到一定时期便进入减数分裂阶段。花粉母细胞经过减数分裂后形成4个染色体数目减半的单核幼期花粉粒（小孢子）（microspore）（图6-9）。

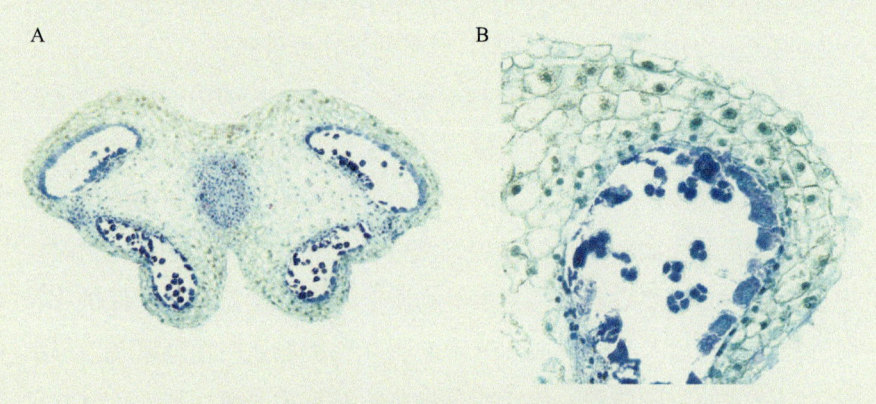

图6-9 烟草小孢子四分体与小孢子的形成
A. 小孢子四分体时期的花药横切；B. 花粉囊横切（示小孢子四分体）

（2）雄配子体的形成

幼期的单核花粉从四分体中释放出来（图 6-9），此时单核花粉粒的核位于细胞中央（单核居中期），具有浓厚的细胞质，继续从解体的绒毡层细胞取得营养和水分。不久，细胞体积迅速增大，细胞质明显液泡化，逐渐形成中央大液泡，细胞核随之移到一侧（单核靠边期）（图 6-10）。

单核花粉充实后，接着进行一次有丝分裂，先形成两个细胞核，贴近花粉壁的为生殖核，向着大液泡的为营养核。以后发生不均等的胞质分裂，在两核之间出现弧形细胞板，形成两个大小悬殊的细胞，其中靠近花粉壁一侧的呈凸透镜状的小细胞含少量细胞质和细胞器，为生殖细胞（generative cell）；另一侧为营养细胞（vegetative cell），是包括原来的大液泡及大部分细胞质和细胞器，并富含淀粉、脂肪、生理活性物质的大细胞。生殖细胞与营养细胞之间的壁不含纤维素，主要由胼胝质组成。生殖细胞形成不久，细胞核内的 DNA 含量通过复制增加了一倍，为进一步分裂形成 2 个精子建立了基础；同时整个细胞从最初与之紧贴的花粉粒壁部逐渐脱离开来，成为圆球形，游离在营养细胞的细胞质中。生殖细胞由于其外围的胼胝质壁解体而成为裸细胞，以后细胞渐渐伸长变为长纺锤形或长圆形（图 6-10）。烟草花粉成熟时其内含有 2 个细胞，称为 2 细胞型成熟花粉，在传粉受精后，花粉粒中的生殖细胞在萌发的花粉管中再进行一次有丝分裂，形成 2 个精细胞。

6.2.3 花粉粒的形态

根据已有的报道，烟草花粉粒的形状为椭圆形或近圆形，在扫描电镜下观察，烟草花粉粒的极面观呈三裂圆形，赤道面观呈椭圆形或近圆形（图 6-11）。烟草花粉的外壁比较平滑，一般分布有 3 条萌发沟，其内有或大或小的萌发孔。烟草花粉的直径为 35~47μm，因品种不同而异，烤烟的花粉粒一般较野生烟草的花粉粒小。

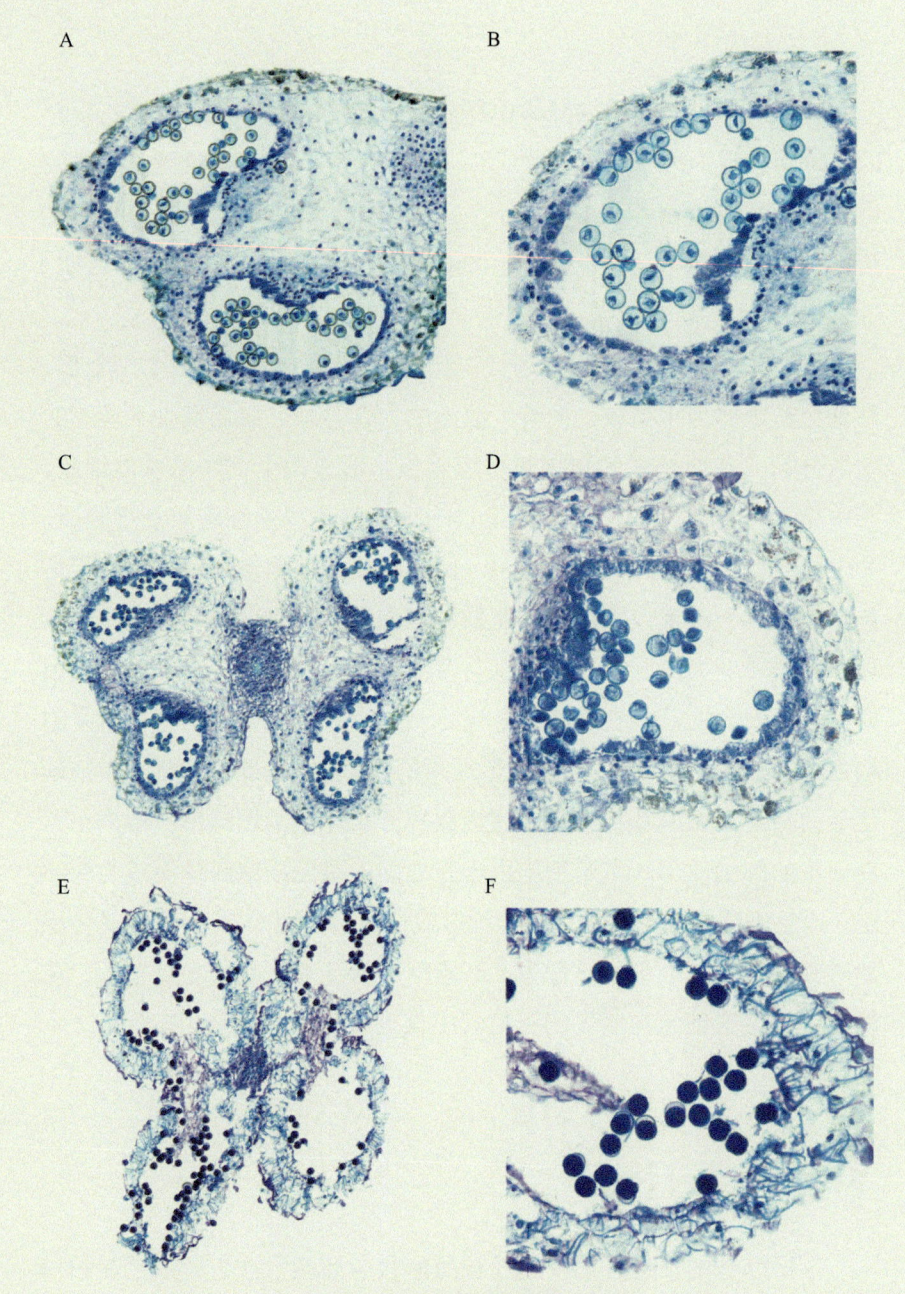

图 6-10　烟草雄配子体的形成过程

A、B. 单核花粉期；C、D. 二细胞花粉期；E、F. 成熟花粉期

烟草花粉粒的内含物主要贮藏于营养细胞的细胞质中，包括营养物质、各种生理活性物质和盐类。它们对花粉的萌发和花粉管的生长

有重要作用。

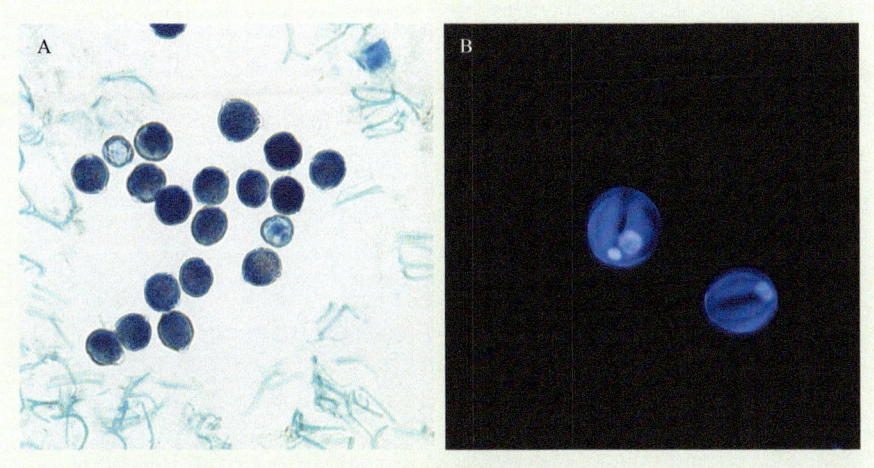

图 6-11　烟草成熟花粉粒
A. 苯胺蓝染色的花粉；B. 4′,6-二脒基-2-苯基吲哚（DAPI）染色的花粉

花粉贮藏的营养物质以淀粉和脂肪为主，此外，花粉中还含有果糖、葡萄糖、蔗糖、蛋白质及人体必需的多种氨基酸，花粉含有多种维生素，其中尤以 B 族维生素最多，但缺乏脂溶性维生素。

花粉粒中含有水解酶或转化酶等各种不同的酶，如淀粉酶、脂肪酶、蛋白酶、果胶酶和纤维素酶等。酶对花粉管生长过程中的物质代谢、分解花粉的贮藏物质及同化外界物质起重要的作用。

花粉中还含有花青素、糖苷等色素，以及占干重 25%～65% 的无机盐。色素对紫外线起着滤光器作用，能减少紫外线对花粉的伤害，使花粉能保持较高的萌发率。

6.3　烟草雌蕊的发育和结构

6.3.1　雌蕊的组成

烟草的雌蕊也是由心皮原基分化发育而成的，成熟的雌蕊可以分为柱头、花柱和子房三个部分。柱头位于雌蕊的顶端，是承受花粉和花粉萌发的部位，在中央线上有一个明显的凹沟将柱头一分为二，较易辨别出烟草的雌蕊由2心皮组成（图6-12）。柱头表面凹凸不平，表皮细胞外伸为单细胞或多细胞的毛状体。柱头的表皮及其乳突的角质膜外侧还覆盖着一层亲水的蛋白质薄膜（图6-13）。此膜不仅有黏着花粉或使花粉获得萌发所需水分的作用，更重要的是在柱头与花粉相互识别中具"感应器"特性。这些特征有利于接纳更多的花粉，为保证顺利完成有性生殖打下了基础。

图6-12 烟草花（示雌蕊及其柱头）
A. 白肋烟的花；B. 'NC297'品种的花

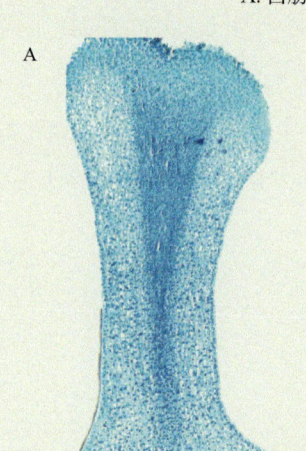

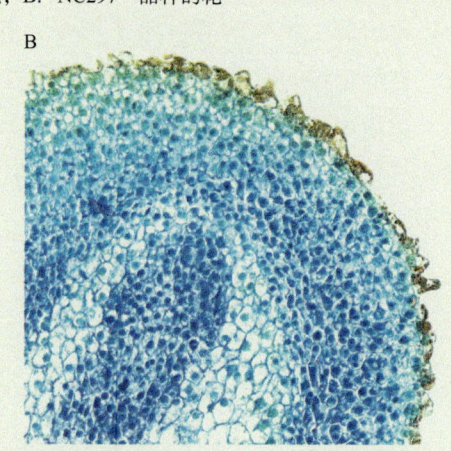

图6-13 烟草的柱头与花柱
A. 花柱与柱头纵切；B. 柱头纵切示乳突细胞

本书关于烟草雌蕊的发育与结构的图片取材主要来自烟草栽培品种'TN86'白肋烟和'巴斯玛1号'香料烟。

开花时，烟草的柱头能分泌液状分泌物于表面。分泌物的主要成分为脂类和酚类的化合物，此外，也含有不同比例的糖类、氨基酸、蛋白质、激素和酶类等物质。脂类可减少柱头失水，有助于黏附花粉；酚类化合物对防止病虫侵害柱头，以及选择性地促进或抑制花粉粒的萌发均有重要作用。

花柱为柱头和子房之间的连接部分，是花粉管进入子房的通道。烟草的花柱细长，属于封闭型。在花柱的中央分化出引导组织。引导组织的细胞一般比较狭长，横壁较薄，细胞中富含线粒体、高尔基体、粗糙内质网、核糖体和造粉体等细胞器，代谢活动旺盛，花粉管即沿引导组织的胞间隙向基生长。

子房为雌蕊基部的膨大部分，其外部分化成子房壁，内部空间形成子房室。烟草的雌蕊是由2个心皮发育而成的，其子房也为2室。子房壁的内、外表面均有一层表皮，外表皮上有时还可见到气孔器和表皮毛的分化。两层表皮之间为薄壁组织，其中有维管束分布。2个心皮愈合后向内卷合形成一个中轴胎座，在发达的胎座上着生有许多胚珠（图6-14）。

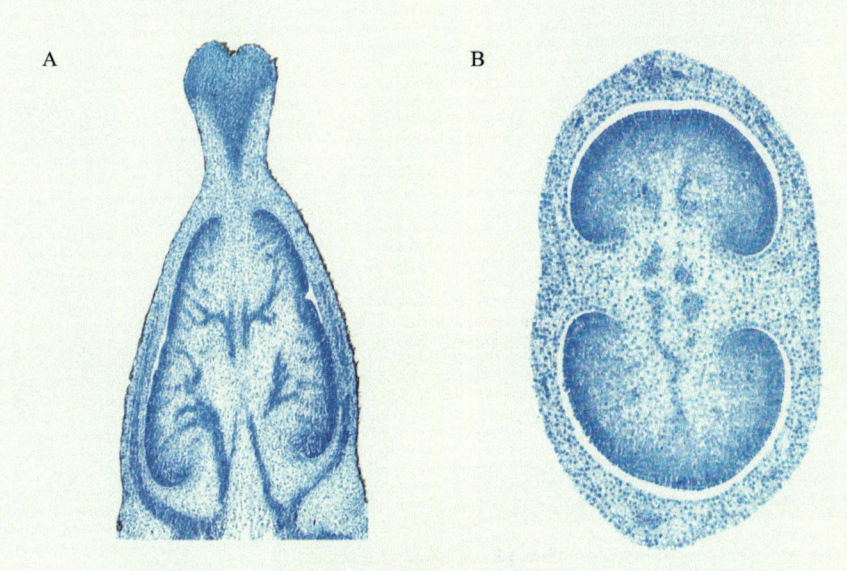

图 6-14　烟草雌蕊幼期结构
A.雌蕊纵切；B.子房横切

6.3.2 胚珠与胚囊的发育和结构

烟草的胚珠数目很多，体积很小。胚珠发生时，首先由胎座表皮下层的局部细胞进行分裂，产生突起，形成胚珠原基。胚珠原基前端成为珠心（nucellus），后端分化出珠柄。烟草的珠心只有一层，属于薄珠心胚珠类型。

以后，在珠心基部发生环状突起，逐渐向前扩展包围珠心，形成珠被（integument）（图6-15）。烟草的胚珠具有双层珠被，外珠被由一

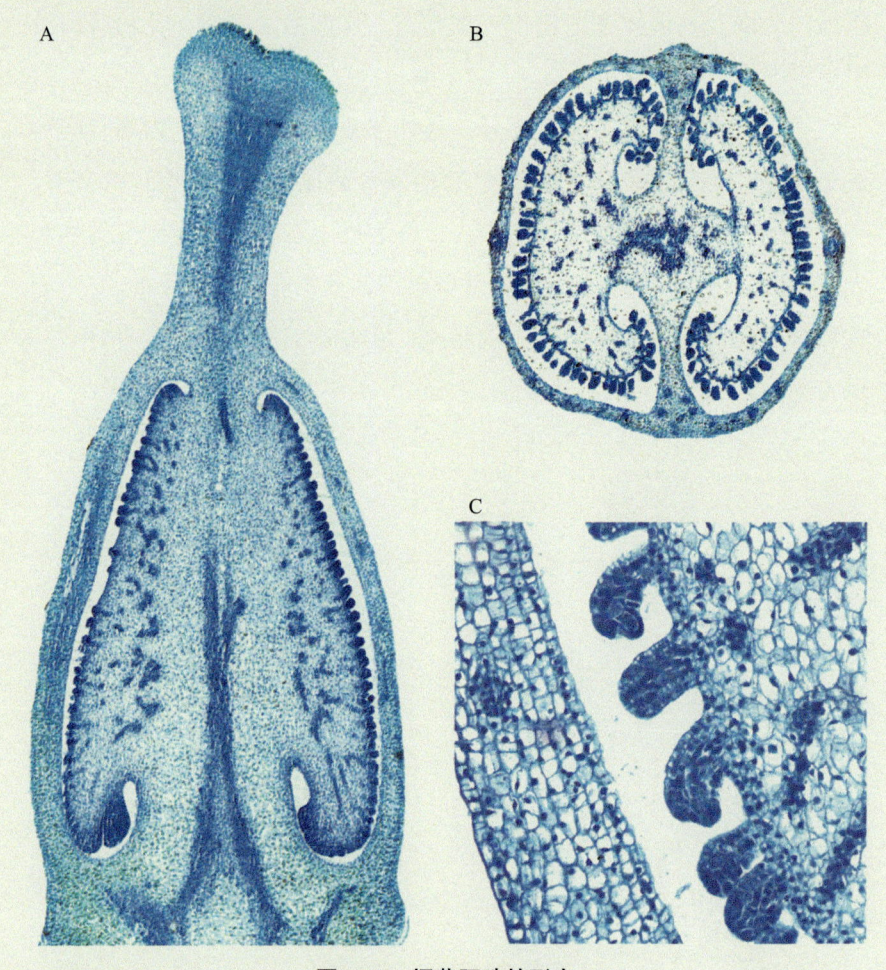

图 6-15 烟草胚珠的形态

A. 雌蕊纵切，示子房内的中轴胎座及其上着生的大量胚珠；B. 子房横切，示中轴胎座及其上着生的胚珠；C. 子房纵切片放大图，示子房壁与子房室内的胚珠

层大型的细胞构成，内珠被由3～4层多角形的细胞构成。珠被形成过程中，在珠心最前端的部位留下一条未愈合的孔道，称为珠孔（micropyle）。与珠孔相对的一端，珠被与珠心连合的区域为合点（chalaza）。由胎座经珠柄而入的维管束到达合点进入胚珠，将养料输送至内部。

烟草的胚囊在珠心中发育，当珠被刚开始形成时，由薄壁细胞组成的珠心内部发生了变化，在近珠孔端的珠心表皮下分化出一个体积较大的孢原细胞。孢原细胞的细胞质浓，细胞核大。孢原细胞长大后起胚囊母细胞的作用。胚囊母细胞又称大孢子母细胞（megasporocyte），经过减数分裂形成4个大孢子（megaspore），呈纵向排列。随后珠孔端的3个大孢子退化，仅合点端的1个大孢子为功能大孢子（surviving megaspore），以后发育为胚囊（embryo sac）。胚囊母细胞外也有胼胝质壁形成，减数分裂形成4个大孢子时，胼胝质壁从其合点端首先消失，便于营养物质进入功能大孢子，对其进一步分化发育有重要作用。而3个无功能的大孢子被胼胝质壁包围较长时间，最后退化消失。功能大孢子发育成胚囊的过程中，细胞体积明显增大，成为单核胚囊。以后进行连续三次核的有丝分裂：首次分裂形成2核，分别移向两端；然后由此2核分裂一次，形成4核；再由4核分裂成8核，其中各有4核分列于胚囊的两端。不久，两端各有1核移向胚囊中央，并互相靠近，称为极核（polar nucleus）。随着核分裂的进行，胚囊体积迅速增大，特别是沿纵轴扩延更为明显。最后，各核之间产生细胞壁，形成细胞。珠孔端的3个细胞中，中间1个分化为卵细胞（egg cell），其他2个分化为助细胞（synergid）。合点端的分化为3个反足细胞（antipodal cell）。2个极核所在的大型细胞则称为中央细胞（central cell）。至此，功能大孢子已发育成为7细胞8核的成熟胚囊，即烟草的雌配子体（female gametophyte），其中所含的卵细胞则为雌配子（female gamete）（图6-16）。

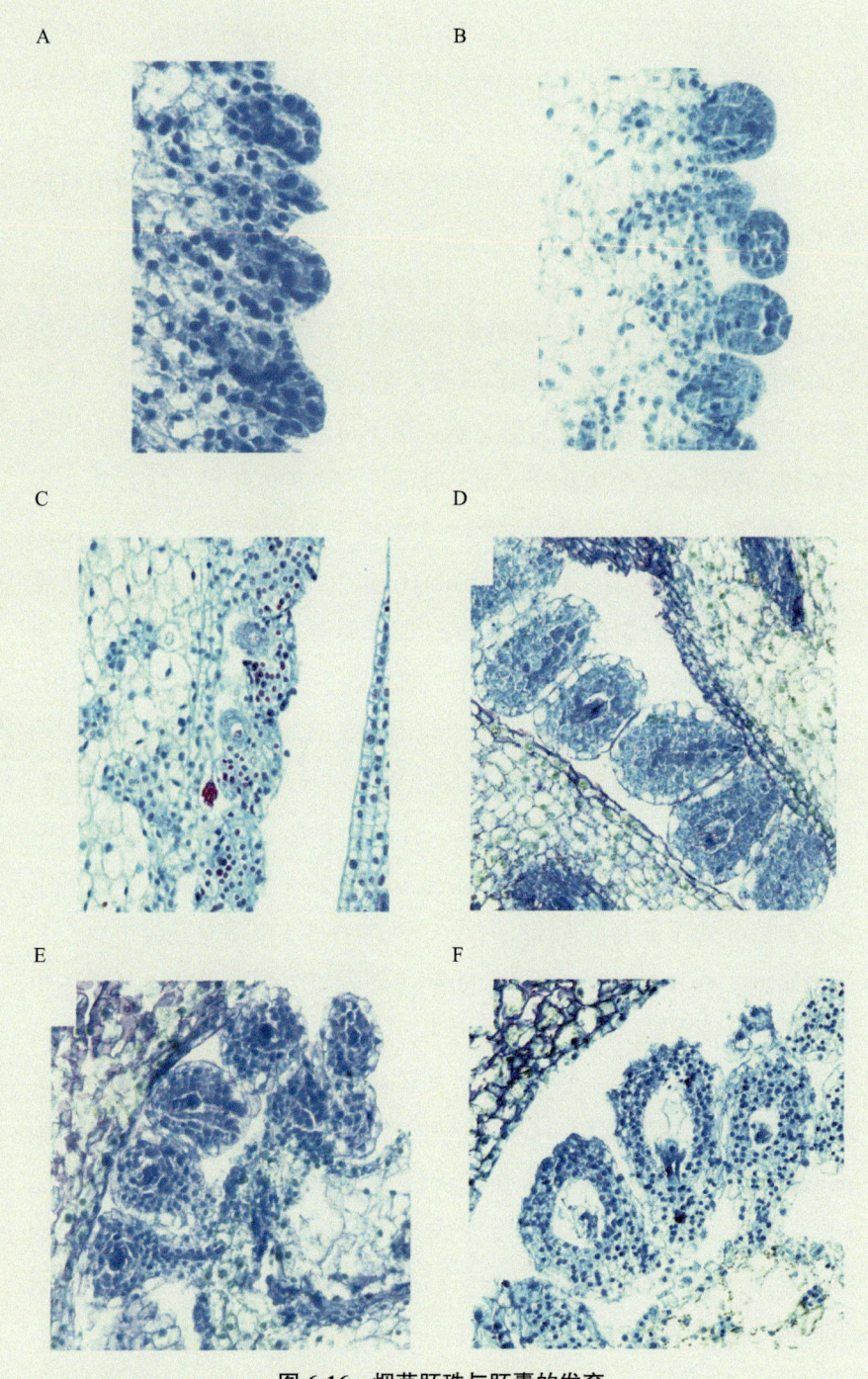

图 6-16 烟草胚珠与胚囊的发育

A. 胚珠形成期；B. 孢原与孢母期；C. 孢母细胞减数分裂期；D. 功能大孢子时期；
E. 胚囊形成期；F. 成熟胚囊期

6.4 烟草种子与果实的发育

6.4.1 开花、传粉与受精

当烟草生长发育到一定阶段，雄蕊的花粉粒和雌蕊的胚囊已经成熟，或其中之一已达到成熟状态时，花被展开、雄蕊和雌蕊露出，即开花（anthesis）。之后，成熟花粉粒传送到雌蕊柱头上的现象，称为传粉（pollination）。烟草的花粉粒落在柱头上很快就萌发产生花粉管，此时柱头表面有黏性渗出物（图6-17）。一个花粉粒具有多个萌发孔，最初从数个萌发孔突出形成花粉管，但最终仅一个花粉管能够继续生长并穿入柱头渗出物内，进而伸入柱头乳突细胞之间，并沿着花柱内的传递组织逐步延伸到子房及胚珠。烟草花粉从传粉到受精需要24～36h，具体时间常因品种和栽培环境条件不同而异。

烟草的花在其子房基部生有花蜜腺。据辛华等学者的研究观察，烟草的蜜腺表面有凹陷的气孔器，蜜腺由分泌表皮和泌腺组织组成。分泌表皮由一层近方形的细胞组成，泌腺组织细胞为多层，排列紧密，细胞核大、细胞质浓。烟草花蜜腺组织的发育始于胚珠分化期，由子房基部外壁的表皮细胞恢复分裂能力而形成，在蜜腺的表皮和泌腺组织细胞中积累大量的淀粉粒，随着烟草开花泌蜜，泌腺组织细胞增大，液泡数量和体积均有明显增加。

烤烟一般在移栽后50～60天开始现蕾，自现蕾到花盛开大约需要3天，从花凋谢到果实成熟需要25～30天。一株烟草从第一朵花开放到最后一朵花凋谢需要30～50天。烟草属于闭花授粉植物，即在花冠开放之前，雄蕊的花药就已开裂，花粉粒已落在柱头上。

烟草花粉萌发后产生的花粉管（pollen tube）多从柱头毛基部的细胞间隙进入，并向花柱中生长（图6-17）。花粉管在引导组织中生长。

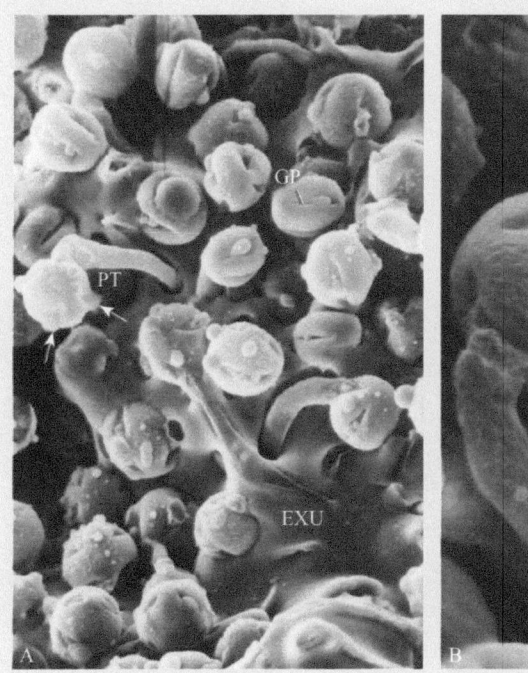

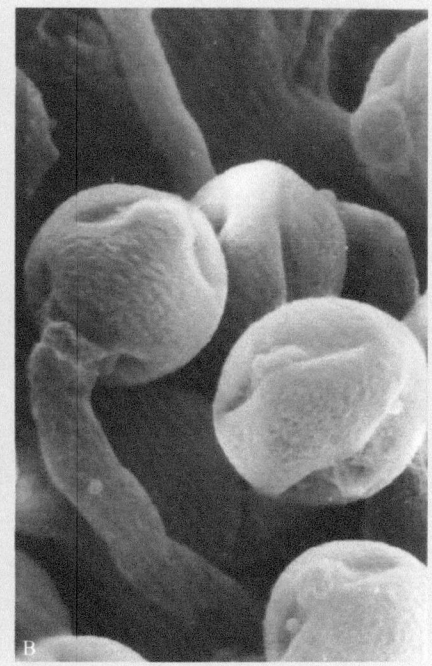

图 6-17　烟草花粉在柱头上萌发（引自胡适宜，2016）

A. 柱头上落满花粉粒，EXU 为柱头分泌物，PT 为花粉管，GP 为萌发孔；B. A 图的放大示萌发的花粉

花粉管在生长过程中，除了耗用花粉粒中的贮藏物质外，也从花柱组织吸收营养物质，以供花粉管的生长和新壁的合成。随着花粉管的向前伸长，花粉粒中的内容物几乎全部集中于花粉管的亚顶端，包括 1 个营养核和 1 个生殖细胞，以及细胞质和各种细胞器。随着花粉管的伸长生长，生殖细胞在花粉管中再分裂一次，形成 2 个精细胞（精子）（sperm）。

花粉管通过花柱进入子房以后，通常沿着子房壁内表面生长，最后从胚珠的珠孔进入胚囊，进行受精作用。目前的研究资料认为，助细胞与花粉管的定向生长有关。棉花的花粉管在雌蕊中生长时，由花粉管分泌出的赤霉素传入胚囊后，引起一个助细胞退化、解体，从中释放出大量的 Ca^{2+}；Ca^{2+} 呈一定的浓度梯度从助细胞的丝状器部位释出；花粉管朝向高浓度 Ca^{2+} 的方向生长，最后穿过珠孔，由助细胞的丝状器部位进入胚囊，故钙被认为是一种天然向化性物质。也有人认为，花粉管的向化性生长可能是包括硼在内的几种物质综合作用的结果。

花粉管到达胚囊后,由一个退化助细胞的丝状器基部进入。另一个助细胞可短期暂存或也相继退化,随后花粉管顶端或亚顶端的一侧形成一小孔,释放出营养核、2个精细胞和花粉管物质。其中一个精细胞与卵细胞融合,另一个精细胞与中央细胞的两个极核(或一个次生核)融合,这种现象称为双受精(double fertilization)作用(图6-18)。

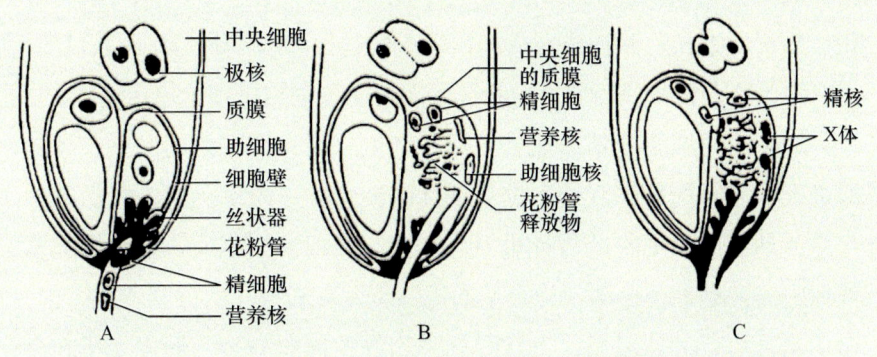

图 6-18 被子植物双受精作用中精细胞转移至卵细胞和中央细胞的图解
(引自 Jensen,1976)
A.花粉管进入胚囊;B.花粉管释放出内容物;C.两个精细胞分别转移至卵和中央细胞附近(X体为退化的营养细胞核和退化的助细胞核)

双受精过程中,两个精细胞分别在卵细胞和中央细胞的无壁区发生接触,接触处的质膜随即融合,两个精核分别进入卵细胞和中央细胞。精核进入卵细胞后,再发生精核与卵核接触处的核膜融合,最后核质相融,两核的核仁也共融为一个大核仁。至此,卵已受精,成为合子(zygote),它将来发育成胚。另一个精细胞进入中央细胞后,其精核与极核(或次生核)的融合过程与精核和卵核的融合过程基本相似,但融合的速度较精卵融合快。精核和极核(或次生核)融合形成初生胚乳核(primary endosperm nucleus),将来发育形成胚乳。

6.4.2 烟草种子的发育

烟草的种子由受精后的胚珠发育而来,种子通常由种皮、胚和胚乳三部分组成，它们分别由珠被、受精卵和受精极核（初生胚乳核）发育而来。在种子形成过程中，原来胚珠内的珠心与胚囊内的助细胞和反足细胞均被吸收而最终消失。

1）胚胎发育：烟草种子中胚的发生源于合子，经过原胚（proembryo）和胚分化发育的各个阶段，最后形成成熟胚，整个过程称为胚胎发育（embryogenesis）。植物的胚胎发育受到精确的遗传调控，从双受精开始到种子成熟，胚胎经历了合子激活、极性建立、细胞分裂与分化、器官发生和贮藏物质合成积累等重要过程。烟草因其胚珠数目多、易取材等特点，常作为研究植物胚胎发育遗传调控机理的模式植物。

烟草的卵细胞受精形成合子后，产生一层具纤维素的细胞壁，随即进入数小时的休眠状态。即使在休眠期，合子内部仍然进行活跃的代谢活动，使得细胞的极性进一步加强，表现为细胞质、细胞核和多种细胞器聚集于合点端，为合子的进一步发育和第一次分裂奠定基础。合子经过短暂的休眠后，进行一次不均等的横向分裂，形成大小和命运不同的2个细胞，即远珠孔端的顶细胞（apical cell）和近珠孔端的基细胞（basic cell）（图6-19A）。顶细胞与基细胞之间由胞间连丝相通，但在形态结构和生理功能上有很大差异。前者具有丰富的细胞器，具有胚性细胞的功能；后者具有大液泡，细胞质稀薄，具有营养功能。

烟草合子最初的两次分裂是横分裂，形成直线排列的4细胞原胚，随后顶细胞进行纵裂，基细胞继续横分裂，形成了8细胞胚（图6-19）。此后，基细胞主要进行横分裂，形成数个细胞直线排列的不发达的胚柄，与顶细胞紧邻的一个胚柄细胞起着胚根原的作用，将来参与胚根的形成。

与此同时，顶细胞经过1次横裂及子细胞各自2次纵裂，形成具有8个细胞的胚体，近胚柄的4个细胞以后发育形成胚轴和胚根的一部分，远胚柄端的4个细胞则发育为茎端与子叶。自此，胚体细胞继续不断地进行各个方向的分裂，形成球形胚（globular-stage embryo）。以上各个时期都属于胚胎发育的原胚阶段（图6-20）。

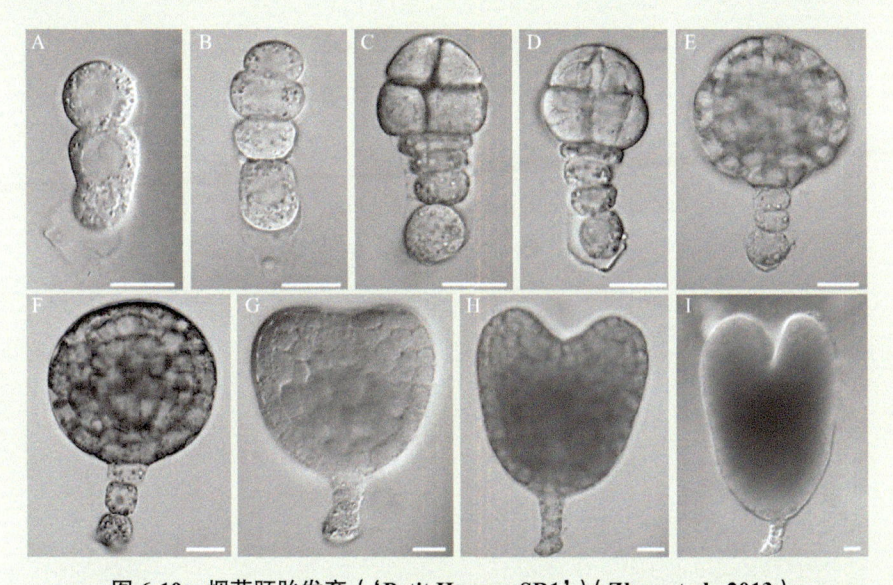

图 6-19　烟草胚胎发育（'Petit Havana SR1'）(Zhao et al., 2013)

A. 2 细胞原胚时期；B. 4 细胞原胚时期；C. 8 细胞胚时期；D. 32 细胞胚时期；E. 早球形胚时期；F. 晚球形胚时期；G. 球形至心形胚过渡期；H. 心形胚时期；I. 鱼雷胚时期

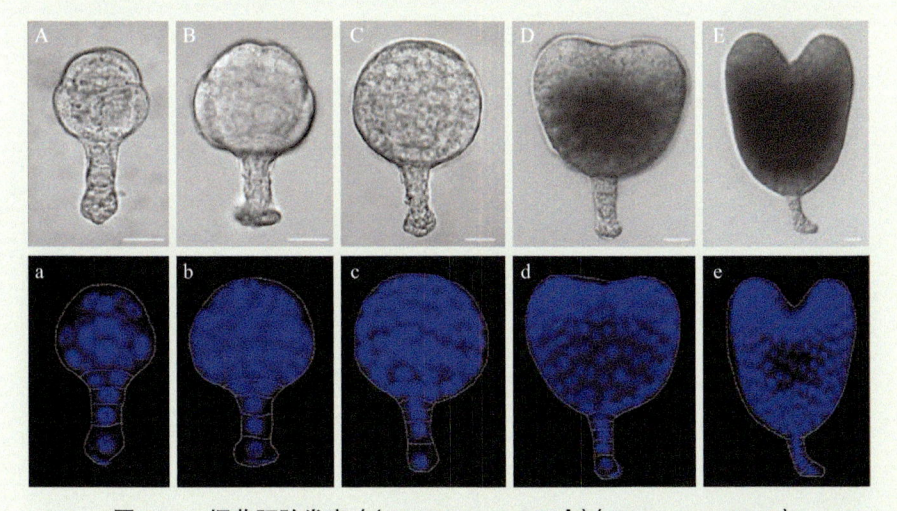

图 6-20　烟草胚胎发育（'Petit Havana SR1'）(Zhao et al., 2013)

A. 球形胚早期；B. 球形胚中期；C. 球形胚晚期；D. 心形胚早期；E. 心形胚晚期。a~e 为与 A~E 胚胎发育的相同时期，采用 DAPI 染色后在荧光显微镜下观察拍摄

之后，由于球形胚的顶端两侧细胞分裂最活跃，形成 2 个突起，称为子叶原基。球形胚体下方、胚柄顶端的一个细胞也在不断分裂生长，分化为胚根原基。连接子叶原基和胚根原基的部分将发育为胚轴。

这时，胚的纵切面呈心形，故称心形胚（heart-stage embryo）。子叶原基迅速发育伸长成为两片子叶，胚轴也得到延伸，整个胚体呈鱼雷形，称为鱼雷形胚（torpedo-stage embryo）。紧接着，在子叶凹陷部位逐渐分化出胚芽（plumule），胚根也同时形成。细胞继续进行横向及其他方向的分裂，胚轴及子叶进一步延长，最后形成了成熟胚。胚柄在胚胎发育的心形期后开始退化，至成熟胚时期已解体消失。

近年来，以烟草和拟南芥为模式植物，对其胚胎发育的分子机理进行了大量、深入的研究，逐渐揭示了胚胎极性建立、茎端和根端分生组织建立，以及器官分化等过程的分子机制。

2）胚乳的发育：烟草胚乳的发育（图 6-21，图 6-22）来自于 1 个精细胞与中央细胞 2 个极核受精融合后的初生胚乳核，是三倍体细胞。其胚乳发育的方式为细胞型，即初生胚乳核分裂后随即产生细胞壁，形成胚乳细胞，在其发生过程中无胚乳游离核时期。胚乳细胞为等径的大型薄壁细胞，细胞器和胞间连丝比较发达，主要功能是贮存大量的营养物质，包括糖类、脂类和蛋白质等。在烟草成熟种子中胚乳并不发达，由 2～3 层多边形细胞组成，在种子上、下两端处胚乳细胞层数少，在种

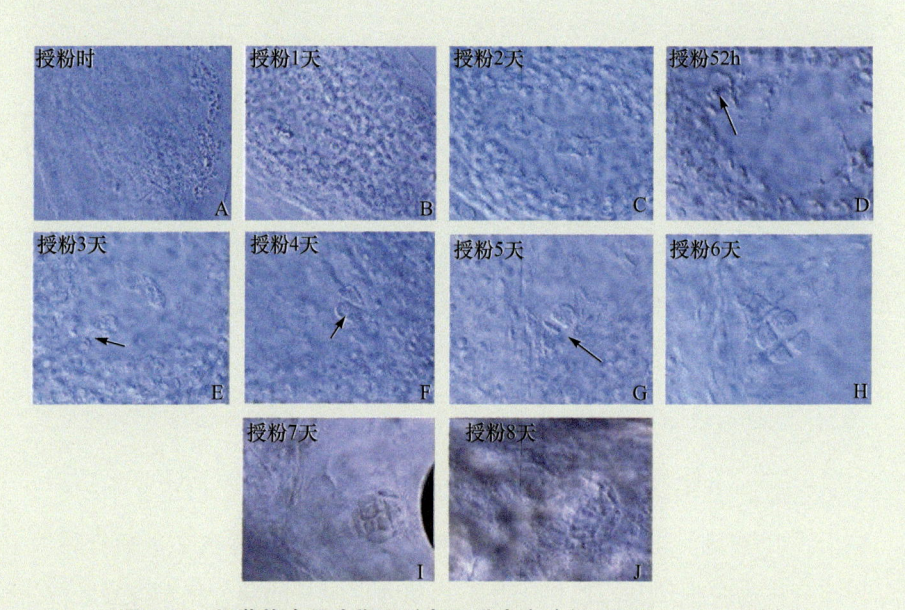

图 6-21　烟草体内早中期胚胎与胚乳发育（'Petit Havana SR1'）

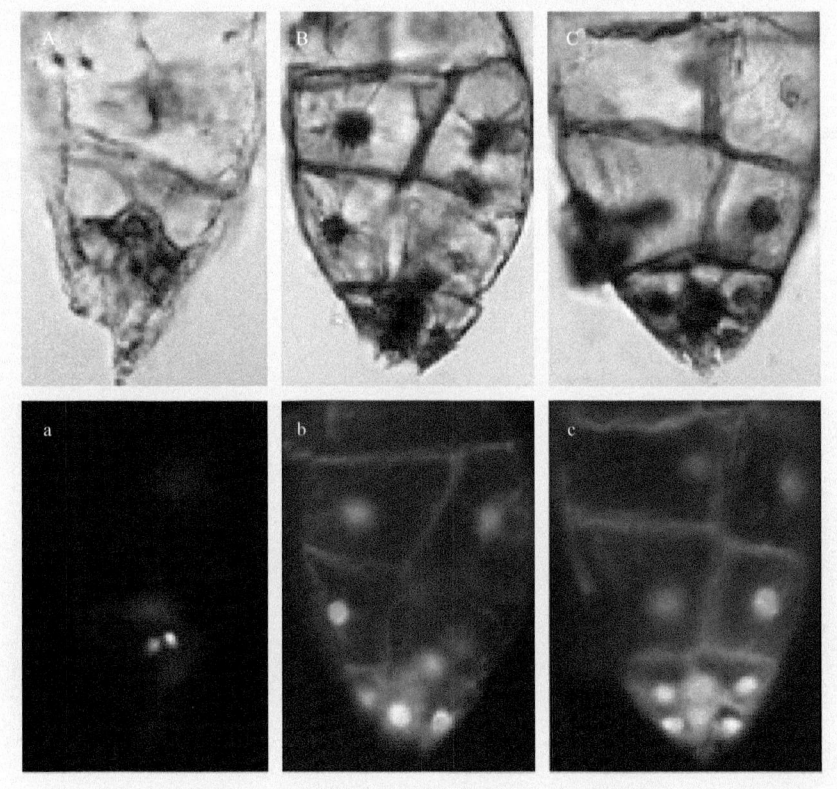

图 6-22 烟草胚乳发育（'Petit Havana SR1'）

A. 初生胚乳核第一次分裂为 2 个细胞；B. 多细胞胚乳与图片下方伸长的合子；C. 更多细胞的胚乳与下方 2 细胞原胚。a~c 为 A~C 在荧光显微镜下观察和拍摄的图片

子腹面胚乳细胞层数较多。靠近种皮的胚乳细胞内主要贮存蛋白质，称为糊粉层胚乳，靠近中心区域的胚乳细胞内主要贮存油脂及少量糖类。

3）种皮的发育：在胚和胚乳发育的同时，珠被也开始发育形成种皮（seed coat），包围在胚和胚乳的外方，起着保护作用。

烟草的胚珠具有两层珠被，因此烟草的种子也具有两层种皮。随着胚珠发育成种子，外珠被的细胞生长迅速，并开始木质化加厚，这层细胞称为木质厚壁细胞层。这层细胞的外方还有一层透明层，称为胶质透明层。它们合称为烟草种子的外种皮。木质厚壁细胞层内方的几层薄壁细胞是由内珠被细胞发育而来的，称为薄壁细胞层，也是烟草种子的内种皮。最内方的一层细胞是由珠心细胞分化发育而来的，细胞中主要含有淀粉粒。

6.4.3 烟草果实的发育和结构

传粉受精后，烟草雌蕊的子房发育为果实。据研究，传粉、受精和种子发育这些过程对果实的发育有显著的影响。例如，种子发育过程中能够合成生长素吲哚乙酸等植物激素，刺激子房加快新陈代谢，使整个子房迅速生长、发育为果实（图6-23，图6-24）。烟草的果实纯粹由子房发育而来，因此属于真果的发育模式。

图6-23 烟草的果实和种子（'Petit Havana SR1'）（Zhao et al., 2013）
A. 授粉后10天的果实；B. 果实中正在发育的烟草种子

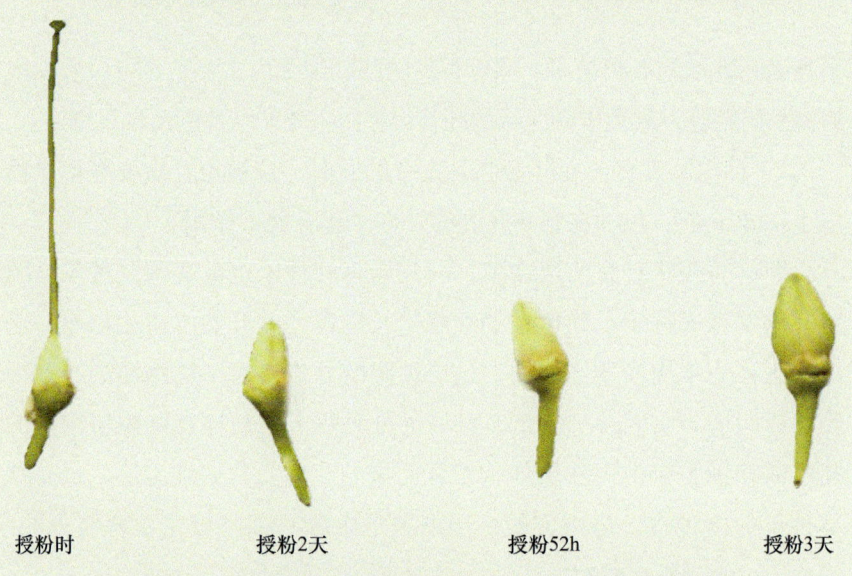

授粉时　　　　授粉2天　　　　授粉52h　　　　授粉3天

图6-24 发育早期的烟草果实形态（'Petit Havana SR1'）

真果的结构比较简单，外为果皮，内为种子。果皮是子房壁发育而成的，分为外果皮（exocarp）、中果皮（mesocarp）和内果皮（endocarp）三层。烟草的果皮较薄，革质，相当坚韧，分为内、外两个部分。外部包括外果皮和中果皮，由4~5层圆形的薄壁细胞构成，维管束分布其间。果实发育初期，果皮为绿色，其细胞内含有叶绿体，可进行光合作用。果皮最外一层细胞最大，排列紧密，细胞外壁具有很厚的角质层。果实成熟时，果皮转变为褐色，其外部干枯成膜质。果皮内部由3~4层长方形的细胞组成，细胞壁木质化加厚，因此成熟的烟草果实十分坚韧。

　　烟草开花后经过25~30天，果实成熟。烟草的果实（图6-25）类型属于蒴果，为长卵圆形，上端稍尖，略近圆锥形。普通烟草的蒴果较大，野生烟草的蒴果较小。蒴果成熟后，绝大部分品种沿心皮愈合线及腹缝线开裂，个别晒烟品种如'小花青'的蒴果则不开裂。花萼宿存包被在果实外方，与果实等长或略短。子房2室，内含2000~4000粒种子。胎座肥厚，但果实成熟时胎座干枯。

图 6-25　野生黄花烟草幼嫩果实（引自康洪梅等，2013）

本章主要参考文献

胡适宜. 2016. 植物结构图谱. 北京：高等教育出版社.

康洪梅，廖菊够，姚恒，等. 2013. 黄花烟草大孢子发生、雌配子体及胚胎发育的研究. 云南农业大学学报，28（5）：619-624.

刘国顺. 2003. 烟草栽培学. 北京：中国农业出版社.

刘秀丽，招启柏，袁莉民，等. 2003. 烟草花芽分化的形态建成观察. 中国烟草科学，1：9-11.

强胜. 2017. 植物学. 2版. 北京：高等教育出版社.

中国农业科学院烟草研究所. 2005. 中国烟草栽培学. 上海：上海科学技术出版社.

周云龙. 2011. 植物生物学. 3版. 北京：高等教育出版社.

Jensen WA. 1976. The role of cell division in angiosperm embryology. *In*: Yeoman MM. Cell Division in Higher Plants. London: Academic Press: 391-405.

Zhao J, Xin H, Cao L, et al. 2016. NtDRP is necessary for accurate zygotic division orientation and differentiation of basal cell lineage toward suspensor formation. New Phytol, 212(3): 598-612.

Zhao P, Zhou XM, Zhang LY, et al. 2013. A bipartite molecular module controls cell death activation in the basal cell lineage of plant embryos. PLoS Biol, 11(9):e1001655.

图　　版

图版 1　烟草生产育苗技术

[图片提供者：侯战高、杨应明，红云红河烟草（集团）有限责任公司原料部]

图版 2 烟草幼苗移栽与田间生长

[图片提供者：侯战高、杨应明，红云红河烟草（集团）有限责任公司原料部]

图版 3　烟叶旺长期与采收期

[图片提供者：侯战高、杨应明，红云红河烟草（集团）有限责任公司原料部]

图版 4　温室栽培的不同品种烟草

（图片提供者：胡春根，华中农业大学园艺林学学院；姚家玲，华中农业大学生命科学技术学院）

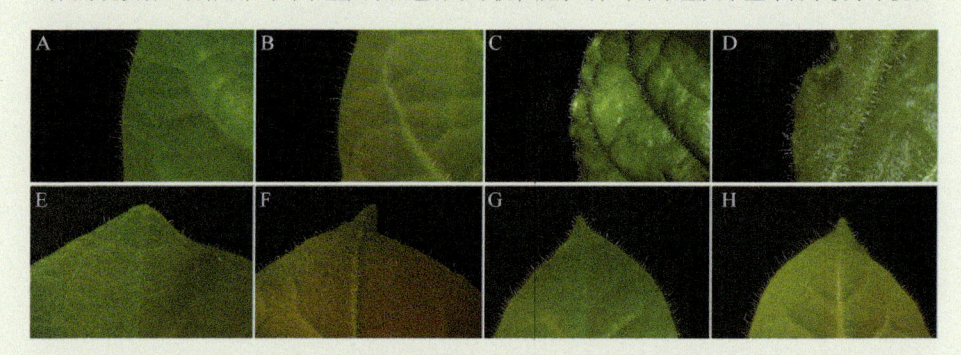

图版 5　烟草不同品种叶表皮毛分布与形态

（图片提供者：魏星、王莉、贾书召、熊雨飞，华中农业大学生命科学技术学院）
A. 'TN86' 烟草叶片中部正面观；B. 'TN86' 烟草叶片中部背面观；C. '本氏' 烟草叶片中部正面观；D. '本氏' 烟草叶片中部背面观；E. '巴斯玛1号' 烟草叶尖正面观；F. '巴斯玛1号' 烟草叶尖背面观；G. '巴斯玛10号' 烟草叶尖正面观；H. '巴斯玛10号' 烟草叶尖背面观

图版 6 烟草不同品种单株形态

（图片提供者：胡春根，华中农业大学园艺林学学院；姚家玲，华中农业大学生命科学技术学院）
A. 'TN86' 白肋烟；B. '巴斯玛 1 号' 香料烟；C. 'YNBS1' 白肋烟；D. '巴斯玛 10 号' 香料烟；
E. 'MS 云烟 87'；F. 'MSK326'；G. 'NC297'；H. '红花大金元'；I. 'NC102'

图版 7 烟草叶不同发育时期形态图

（图片提供者：王莉、贾书召、熊雨飞，华中农业大学生命科学技术学院）
A. 烟草 'YNBS' 叶正面观；B. 烟草 'YNBS' 叶背面观；C. 烟草 '巴斯玛 1 号' 叶正面观；D. 烟草 '巴斯玛 1 号' 叶背面观

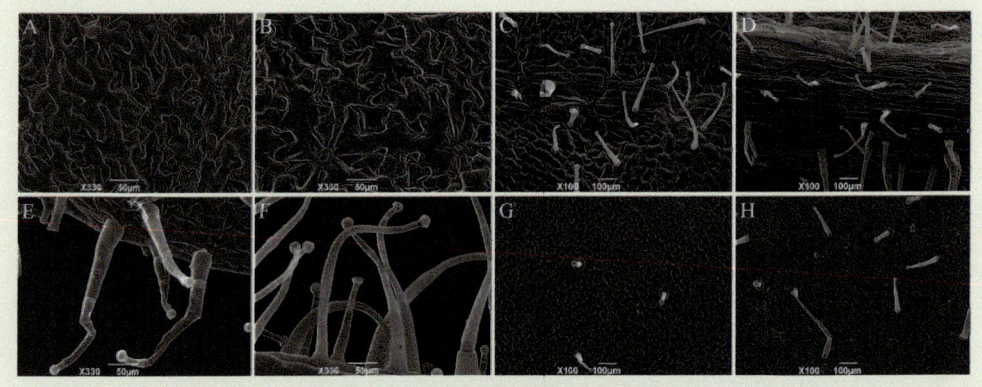

图版 8　'本氏'烟草叶表面电镜扫描图

（图片提供者：姚家玲、贾书召、熊雨飞，华中农业大学生命科学技术学院）

A. 幼叶上表皮示表皮细胞；B. 幼叶下表皮示表皮细胞；C. 成熟叶上表皮示主脉部位；
D. 成熟叶下表皮示主脉部位；E. 幼叶表皮毛放大；F. 成熟叶表皮毛放大；
G. 幼叶上表皮示表皮毛分布；H. 幼叶下表皮示表皮毛分布

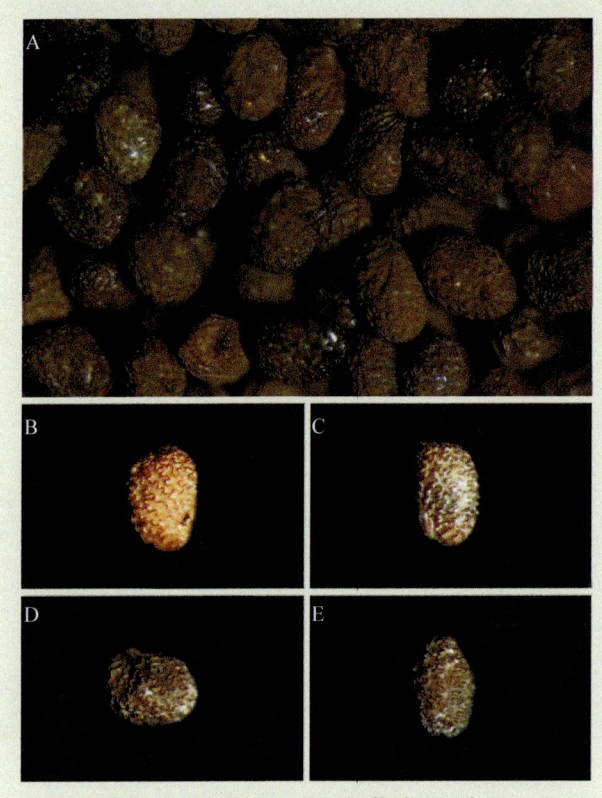

图版 9　'巴斯玛1号'烟草种子形态图

（图片提供者：王莉、贾书召、熊雨飞，华中农业大学生命科学技术学院）

A. 种子群体图；B~E. 单粒种子不同侧面图

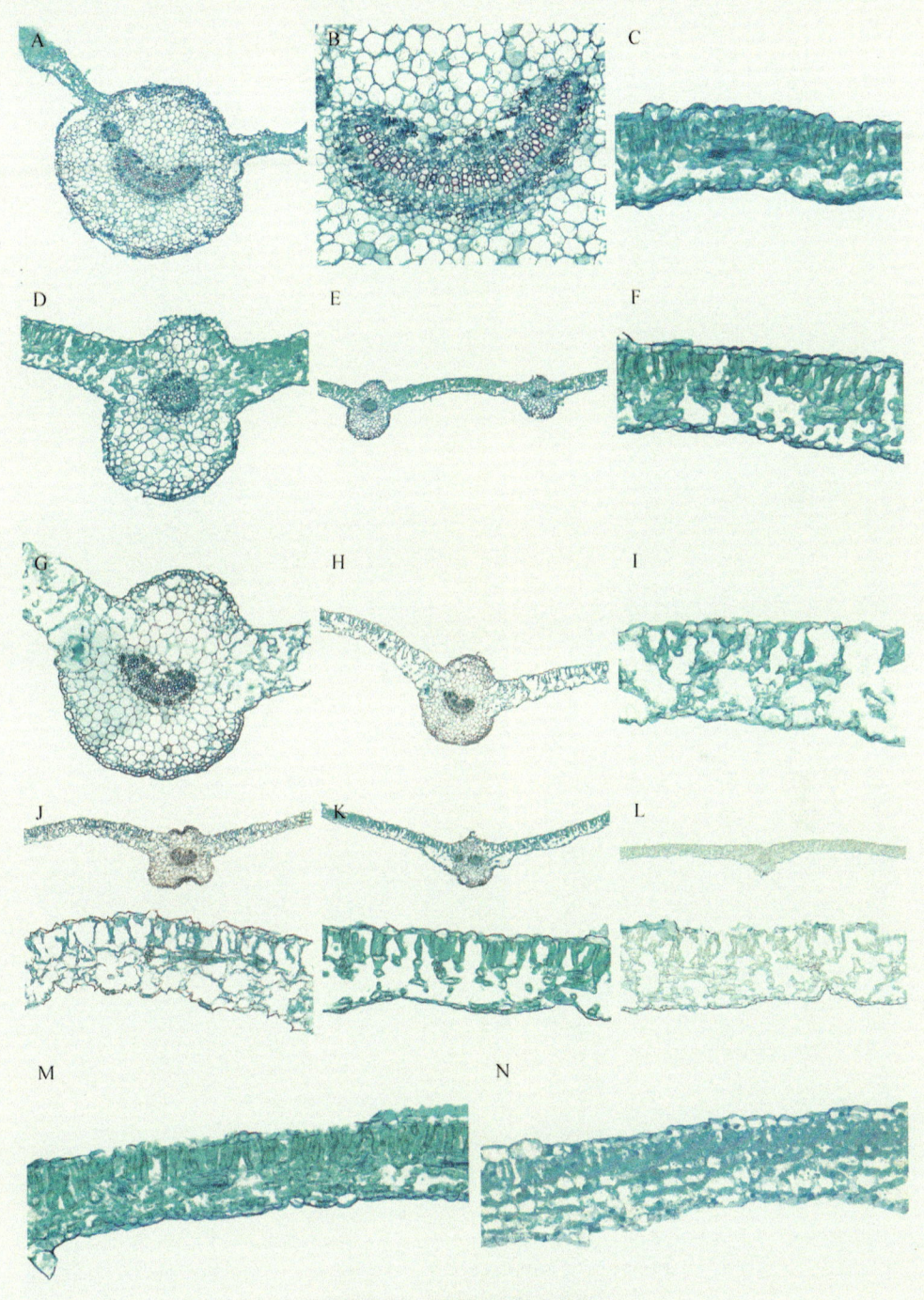

图版 10　烟草叶横切结构图

（图片提供者：姚家玲、王莉、蔡青青、陆展华、熊雨飞，华中农业大学生命科学技术学院）
A、B、D、E、G、H. 烟草叶片主脉结构；C、F、I、M、N. 烟草叶肉细胞；J、K、L. 上图为叶片完整结构，下图为其叶肉细胞放大

图版 11　烟草茎横切结构图

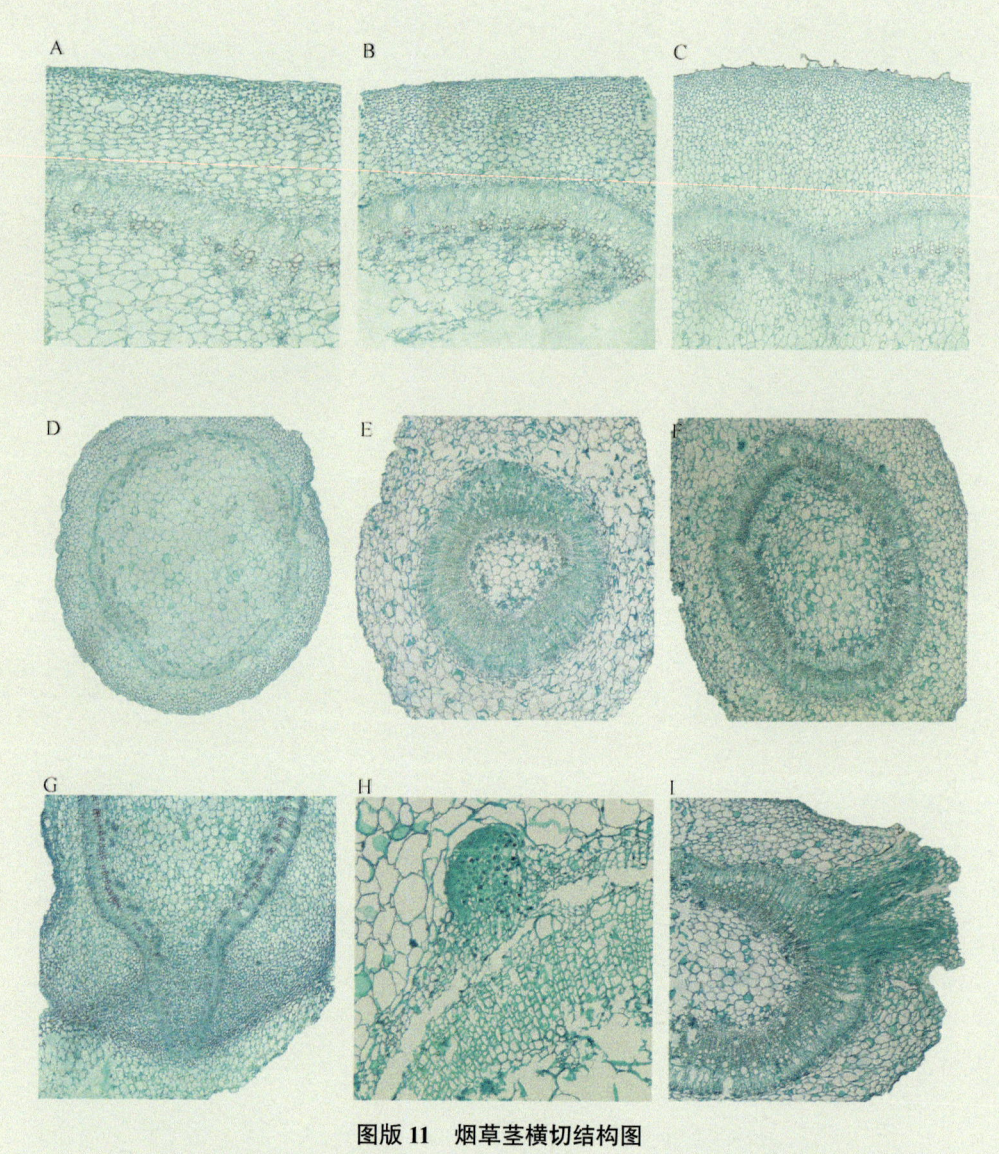

（图片提供者：姚家玲、王莉、蔡青青、陆展华、熊雨飞，华中农业大学生命科学技术学院）

A. '红花大金元'单作烟草茎横切（局部）；B. '红花大金元'与'迷迭香'间作烟草茎横切（局部）；C. '红花大金元'与'香叶天竺葵'间作烟草茎横切（局部）；D. 烟草茎横切示初生结构；E. 烟草茎横切示次生结构；F. 烟草茎节处横切示次生木质部内侧的月牙形叶迹维管束；G. 烟草茎节处横切示瓶状维管束；H. 烟草茎节处横切示维管组织处的腋芽原基；I. 烟草茎节处横切示腋芽纵切

图版 12　烟草不同品种花期植株形态

（图片提供者：胡春根，华中农业大学园艺林学学院；姚家玲，华中农业大学生命科学技术学院）

A. 'TN86' 白肋烟；B. '巴斯玛 1 号' 香料烟；C. 'YNBS1' 白肋烟；D. '巴斯玛 10 号' 香料烟；
E. 'MS 云烟 87'；F. 'MSK326'；G. 'NC297'；H. '红花大金元'；I. 'NC102'

图版 13　烟草不同品种花的特写

（图片提供者：胡春根，华中农业大学园艺林学学院；姚家玲，华中农业大学生命科学技术学院）
A. 'TN86' 白肋烟；B. '巴斯玛 1 号' 香料烟；C. 'YNBS1' 白肋烟；D. '巴斯玛 10 号' 香料烟；
E. 'MS 云烟 87'；F. 'MSK326'；G. 'NC297'；H. '红花大金元'；I. 'NC102'